雷虎先生倾情题写书名

键技术与实例 雷虎

稻鱼生态种养类

平面布置图及相关详图

1:1000

说明:
1. 图中所示高程均以m计,下田坡道、放水口等细部构造参照土地平整大样图建造。
2. 将相邻的不同台面的小田块归并为大田块,归并零星地块,整理田边地角闲置地条田整理工程施工分以下10个程序进行:
   A. 确定范围:根据条田整治平面图确定新归并田块范围,确定后打桩放线、并将田块内积水开挖放干;
   B. 开沟起厢滤水:针对部分积水无法排干的田块,需开沟起厢滤水。厢沟设计为上底宽50cm、下底宽30cm、深度不小于50cm的梯形,间距为4m,采用人工开挖。条田整治时须根据田块积水情况进行下一道工序;
   C. 表土剥离:在指定条田区域内,对挖填高差大于20cm的田块进行表土剥离,剥离厚度为20cm,剥离的表土堆放在指定区域,由于堆放时间短,对堆放高度、形状不做要求,可根据实际情况灵活处理;
   D. 挖高填低:将挖方区域的土推运至填方区域,使合并后田块内的田面平整度基本一致;
   E. 犁底层夯实:在深层土方移动过程中会破坏原有犁底层结构,因此在完成第4步工序后,需对平整的深层土进行压实,压实后的犁底层土壤容重控制在1.8~2.0g/cm3之间;
   F. 田埂修筑:新修田坎为土质田块,采用生土分层夯实,根据实际情况每条田块设置1到3处放水口,修筑好的田坎具有闭水功能;
   G. 人工细耙平整:在犁底层夯实后,田块内平整度不能满足设计要求,因此需要通过人工进行细耙平整,保证田面的平整度达到±3cm;
   H. 泡田打浆:在第6、7工序完成后,对田块进行灌水,需水深度控制在5~10cm,灌水后使田块表土充分浸泡,浸泡时间不少于5天,最后对充分浸泡后的田块进行细耙打浆,细耙过程中使表层土得到充分搅动,搅动产生的泥浆将向犁底层下渗,填满犁底层中的缝隙,如此形成人工再造底层;
   I. 表土回填:将剥离的表土回填至合并后的田块,均匀摊铺,对现有高程与设计高程小于10cm的田块根据设计高程进行土方调控;
   J. 泡田打浆:对田块进行再次灌水,需水深度控制在5~10cm,灌水后使田块表层土充分浸泡,浸泡时间不少于5天,最后对充分浸泡后的田块进行细耙打浆,细耙采用人工细耙,细耙深度控制在20cm以内,细耙过程中使表层土得到充分搅动,保证回田需水深度基本一致;
   K. 边角地修整:施工过程中由于个别田块不规则或田块较小,导致机械无法进入,在该区域施工时,需采用人工进行处理。

土地平整平面布置图（6/6）

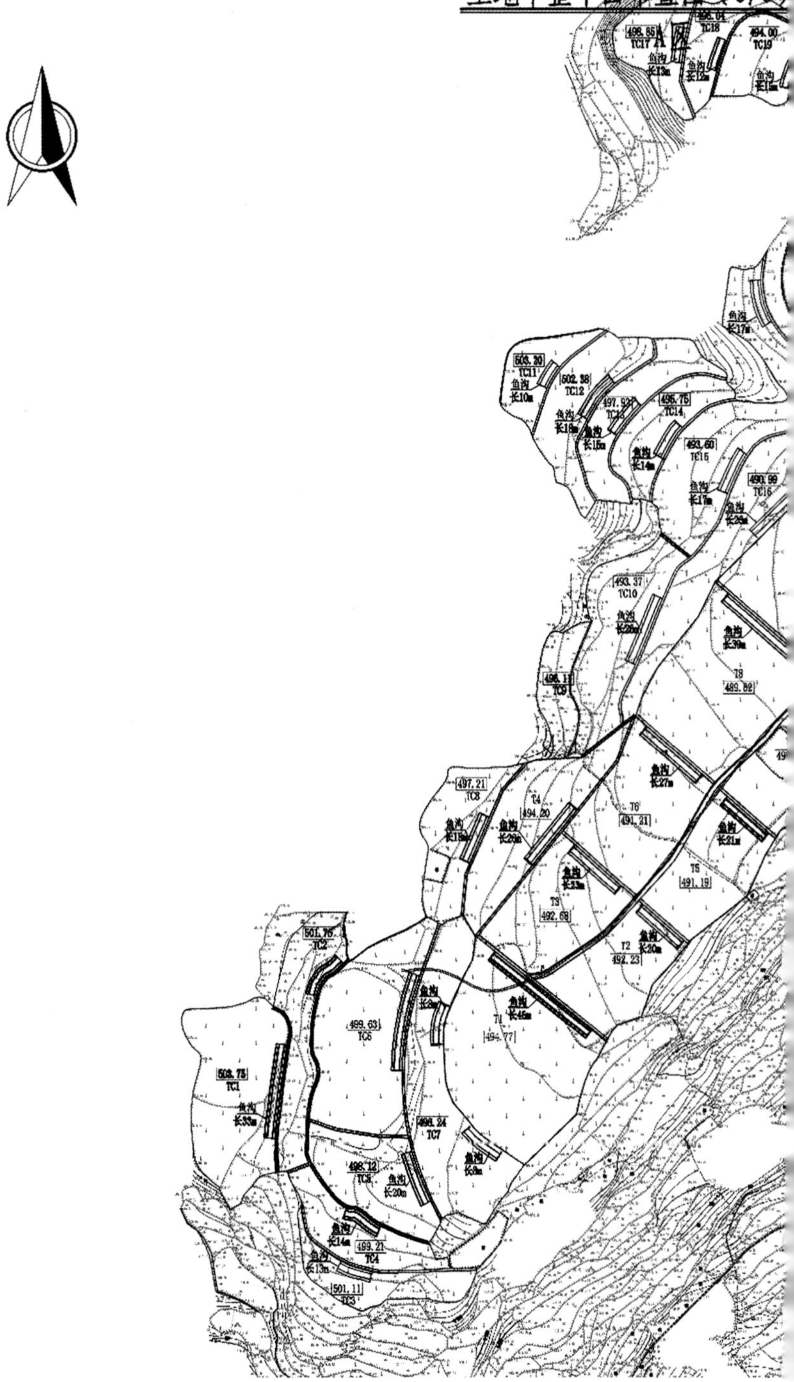

田坎设计参数表 单位：m			
田面高差	断面尺寸		
（m）	h	H	m
0.5	0.5	0.8	1
1.0	1.0	1.3	1.2
1.5	1.5	1.5	1.2
2.0	2.0	2.0	1.5
2.5	2.5	2.5	1.5

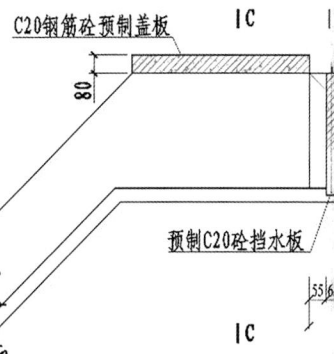

放水口横断面图 1

C20钢筋砼预制盖板

C20砼边墙

预制C20砼挡水板

1:1

C20砼底板

C-C断面图 1:

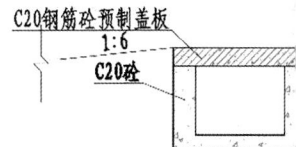

C20钢筋砼预制盖板
1:6
C20砼

D-D断面图 1:2

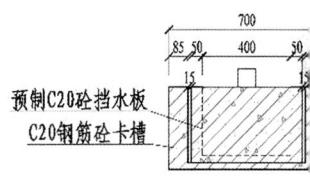

预制C20砼挡水板
C20钢筋砼卡槽

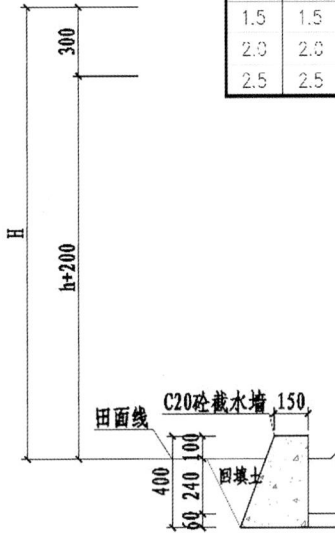

田面线
C20砼截水墙 150
回填土

放水口进口大样图 1:10

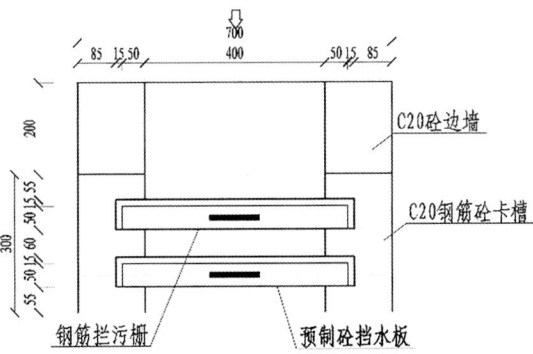

700

C20砼边墙

C20钢筋砼卡槽

钢筋拦污栅   预制砼挡水板

说明：

1. 图中尺寸均为mm，钢筋保护层厚度25mm；
2. 设计田坎高度为50cm，采用机械夯筑土质原田坎，夯筑土壤类别为三类土，分层夯实，分层厚度不得大于20cm，夯实密度不得小于0.93；
3. 田坎夯筑放坡系数根据田坎的高度变化，迎水面坡比为1：1，背坎坡比为1：m，m的取值参照田坎系数表；
4. 放水口设计规格为0.4m×0.3m，放水槽底板现浇6cm厚C20砼，边墙现浇10cm厚C20砼，在田坎顶放水口上部预制钢筋砼盖板，盖板规格为0.5m×0.7m×0.08m；
5. 放水口处预制C20砼挡水板，规格为0.5m×0.53m×0.05m，并设置规格为0.15m×0.15m×0.53mC20砼卡槽；
6. 未说明之处，按相关规范施工。

钢筋	
规格	总长度(
Φ6.5	1.67
Φ8	10.86
Φ10	7.62
Φ14	0.81
加5%损耗，共计钢筋量1(	

A-A剖面图 1:50

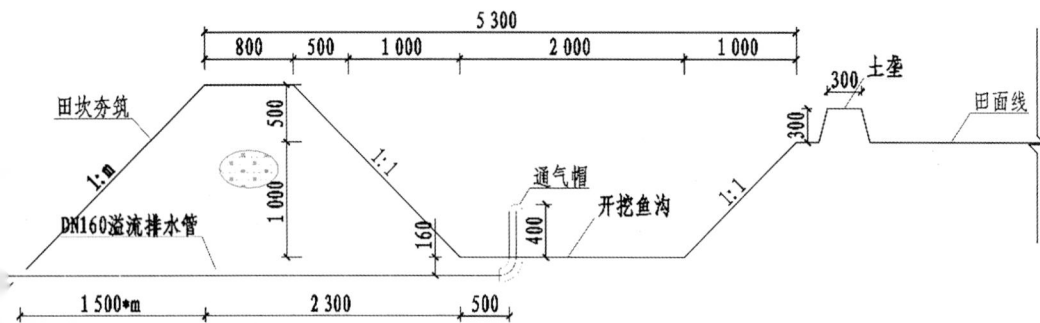

田坎夯筑

DN160溢流排水管

通气帽

开挖鱼沟

土垄

田面线

5 300
800　500　1 000　2 000　1 000

500
1 000
160
400
300
300

1:m
1:1
1:1

1 500*m　2 300　500

B-B剖面图 1:50

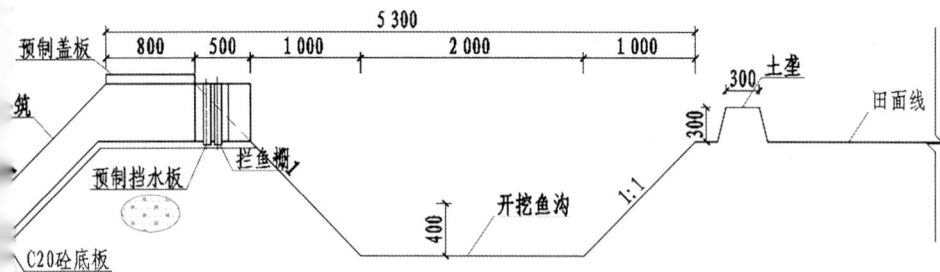

预制盖板

夯筑

预制挡水板

拦鱼栅

C20砼底板

开挖鱼沟

土垄

田面线

5 300
800　500　1 000　2 000　1 000

300
300
400

1:1

鱼沟及田坎平面布置图1:50

|A |B

−0.50	田面	−0.50

土垄

1 000

1:1   1:1

1 000

田面线

2 000

| −0.15 | 鱼沟 | −0.15 |

DN160溢流排水管

1 500

1:1   1:1

500

800

| ±0.00 | 坎顶高程   坎顶高程 | ±0.00 |

1:m   放水口侧墙   1:m

2 000

100,400,100

截水墙

田坎夯

说明: |A |B

150, 100

田面线   C20砼截水墙   30

1. 图中尺寸均为mm;
2. 设计田坎高度为50cm,采用机械夯筑土质田坎,夯筑土壤类别为三类土,分层夯实,分层厚度不得大于20cm,夯实密度不得小于0.93;
3. 田坎夯筑放坡系数根据田坎的高度变化,迎水面坡比为1:1,背坎坡比为1:m,m的取值参照田坎系数表;
4. 放水口设计规格为0.4m×0.5m,放水槽底板现浇6cm厚C20砼,边墙现浇10cm厚C20砼,在田坎顶放水口上部预制钢筋砼盖板,盖板规格为0.6m×0.8m×0.08m;
5. 放水口处预制C20砼挡水板,规格为0.5m×0.33m×0.5m,并设置规格为0.15m×0.15m×0.33mC20砼卡槽;
6. 未说明之处,按相关规范施工。

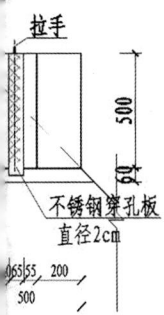

钢筋砼卡槽配筋图1:10

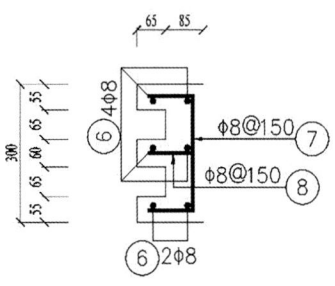

⑥4φ8

φ8@150 ⑦

φ8@150 ⑧

⑥2φ8

65 | 85

300

55 | 65 | 60 | 65 | 55

预制盖板配筋图 1:25

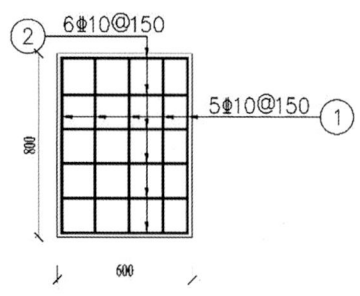

② 6φ10@150

5φ10@150 ①

800

600

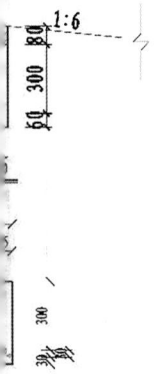

预制挡水板筋图 1:10

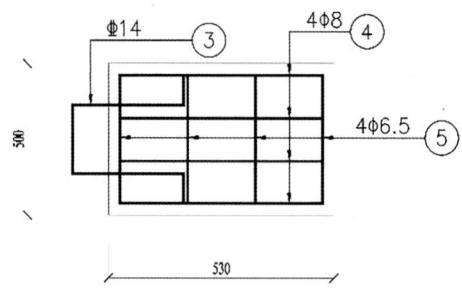

φ14 ③

4φ8 ④

4φ6.5 ⑤

500

530

钢 筋 表

编号	直径(mm)	型 式	单根长(mm)	根数	总长(m)
①	φ10	540	540	5	2.70
②	φ10	760	760	6	4.56
③	φ14	245	770	1	0.77
④	φ8	480	624	4	2.50
⑤	φ6.5	450	567	4	2.27
⑥	φ8	310	310	12	3.72
⑦	φ8	260	597	6	3.58
⑧	φ8	110	110	6	0.66

拉手

500

50

不锈钢穿孔板
直径2cm

65 | 55 | 200
500

1:6

80

50 | 300 | 80

300

材料表

单位重(kg/m)	总重(kg)
0.260	0.43
0.395	4.29
0.617	4.70
1.210	0.98

kg

山地特色生态渔业高效养殖技术丛书
乡村振兴实用技术培训教材

稻鱼 生态种养 关键技术与实例

周 亚 翟旭亮 ◎ 主编

DAOYU
SHENGTAI ZHONGYANG GUANJIAN JISHU YU SHILI

中国农业出版社
北 京

内 容 提 要

稻鱼生态种养是稻田综合利用的一类绿色生态种养技术模式，也是重庆稻渔综合种养的主要模式之一。本书从稻渔综合种养理论基础、稻鱼生态种养基础知识、稻鱼生态种养模式实例等三个部分，以重庆市稻鱼生态种养模式为本底，系统阐述了从事稻鱼生态种养的操作流程与要点。本书同时配套了相关节点技术的微课教学资源，"纸质＋多媒体"融合，使读者更容易接受和掌握知识。

本书编写人员

主　　编：周　亚　翟旭亮

副主编：黄成志　薛小腧　薛　洋　王二龙

参　　编：王宜明　唐仁军　王丹丹　黄文章

　　　　　赵　丽　杨家贵　纪昌宁

前 言
Foreword

....

  稻鱼生态种养模式是稻渔综合种养的一类技术模式。本书是以重庆稻鱼生态种养模式实践为参考，结合编者近 8 年从事稻鱼生态种养模式生产和研究的经验，面向稻鱼生产从业者编写的一本培训教材。教材主要阐述了重庆稻鱼生态种养模式的概念，并从稻鱼工程、稻鱼养殖和水稻种植等方面阐述了如何实施重庆稻鱼生态种养模式。此外，结合相关生产案例列举了六个重庆稻鱼生态种养技术模式。教材注重理论与实践技能相结合，配套了相关网络课程资源，适合于水产养殖专业学生和职业农民培训学员选用，也可供水产养殖行业农技员参考。

  本书由周亚（重庆三峡职业学院）任主编，编写第一章第一节和第二章第一、第二、第四、第五、第六和第七节。翟旭亮和薛洋（重庆市水产技术推广总站）编写第一章第二节，并协助制作配套微课。薛小腧（重庆三峡职业学院）协助编写第一章第一节，编写第二章第六节并负责全书统稿。黄成志（重庆三峡农业科学院）和王宜明、王丹丹（重庆市万州区农业技术与机械推广中心）编写第二章第三节和第三章第一节。王二龙（西北农林科技大学）编写第三章第二节和第三节，并协助制作配套微课。赵丽（忠县晨帆农机专业合作社）编写第三章第五节。唐仁军（重庆市梁平区畜牧渔业发展中心）编写第三章第四节。黄文章（重庆三峡农业科学院）编写第三章第六节。杨家贵（重庆市万州区水产研究所）编写第三章第七节。纪昌宁（重庆三峡职业学院）负责书稿图像处理。

  本书编写过程中得到国家大宗淡水鱼产业技术体系重庆综合试验站、重庆市水产科技创新联盟和重庆市生态渔产业技术体系的支持，以及 2021 年度重庆市水产科技重点攻关项目"重庆稻鱼生态种养模式创新与应用"和重庆三峡职业学院"中国特色高水平高职专业群建设项目"资助，在此表示感谢。

1

在编写过程中也得到了四川农业大学动物科技学院水产养殖系杨淞教授的悉心指导，在此表示衷心感谢。

本书由周文宗研究员（上海市农业科学院、农业农村部稻渔综合种养重点实验室）审稿并提出宝贵意见，特此致谢。

衷心感谢重庆市书法家协会副主席雷虎先生泼墨挥毫，倾情赠写书名。

由于编者水平有限，加之时间仓促，书中难免存在不妥之处，恳请广大读者批评指正。

周　亚

2023 年 2 月于重庆

目 录
Contents

∎∎∎

第一章

稻渔综合种养理论基础

稻渔综合种养是稻田综合利用的一类技术模式。本章分别从农业自然资源、稻田生态系统、稻田生产力概述了稻田综合利用的理论基础。同时，分别介绍了稻渔综合种养的分类及国内外发展现状。此外，重点阐述了重庆稻渔综合种养的历史沿革、发展现状、制约因素和发展前景。本章中系统梳理了稻渔综合种养模式的分类，并首次提出了稻鱼共生养殖鱼类、稻鱼共生净化鱼类、稻鱼轮作（冬闲田）养殖鱼类、稻鱼轮作（冬闲田）净化鱼类四种主要稻鱼技术模式。

第一节　稻田综合利用的理论基础

一、农业自然资源

农业生产的自然条件包括气候（光、热、水、气）、土壤、动物、植物和微生物等，它们构成了农业生产的自然环境。自然条件与农业自然资源有密切的关系，从本质上讲，农业自然条件本身就是农业自然资源。确切地讲，凡是影响农业生物生长发育，进而影响整个农业生产过程的自然因素，都是自然条件；而一切能为人类利用的自然条件，就是自然资源。已被开发利用的自然资源称为社会经济资源，尚未被开发利用的称为潜态自然资源。因此，一切可以用来为农业生产服务的自然条件或自然环境，都可称为农业自然资源。

农业生产的实质，就是太阳能与自然物质通过生物转化为人类所能利用的生物化学能和有机物质。农业生产者的首要任务是充分利用自然资源，特别是光、热等自然资源来生产第一性（初级）产品（即绿色植物生产转化的植物性产品）。这是人类社会的基础，所谓农业是社会的基础，粮食是基础的基础。

二、稻田生态系统

稻田自然资源和生物资源是极其丰富的。生物有机体组成生物种群，在不同层次与非生物成分互相作用构成多样的稻田生态系统。这是一个开放系统，各层次生物系统密切与外界进行能量和物质交换，稻田的物质能量交换也是通过稻田生态系统的生物和环境物质能量的输入和输出系统进行的。稻田生态系统组成因素如下：

（一）生物群落

（1）生产者　水稻、杂草、萍类、茭白等植物以及光合细菌。

（2）消费者　鱼类、软体动物、浮游动物、昆虫、病菌等。

（3）分解者　微生物。

（二）无机环境

（1）媒介　水、空气、土壤。

（2）基质　泥土。

（3）物质代谢原料　二氧化碳、氧气、水、营养盐。

（4）能源　太阳光。

三、稻田生产力

稻田生产力是人类利用稻田资源从事物质资料生产的能力。影响稻田生产力的因素很多，有来自自然的，也有来自社会的。自然因素有气候、土壤、水源等。气候因素由光、热、水、空气等构成。这些因素与地理位置、地形、纬度和海拔高度等有关。在一定的地区，自然因素有相对的稳定性，并构成了相对稳定的生物生态环境。稻田生态系统是在生物与生态环境共同作用下形成的，它产生一定的生产力。影响稻田生产力的社会因素是非常复杂的，人类利用自然资源的能力是随着社会和科学的进步而相应提高的。例如，文化水平、科学技术的发展，生产工具及社会分工协作程度，生产资料的规模、生产效率和所处地理位置，交通商业等的发展都将极大影响稻田生产力的状况。事实上，任何生产总是在各种社会因素作用下进行的。

四、稻田综合利用

稻田综合利用即分层次多重开发利用稻田资源，发挥其整体功能，不断地向人类社会提供丰富而多样的产品。稻田综合利用目的是使生物群落多样化，多层次多结构的复合生物群体能更有效地利用田间自然资源，提高稻田生态系统的总体功能，发挥"整合作用"的系统功能效应；使土壤、水体、时空之间都能发挥应有的作用，提高总体生产力。稻田综合利用常见的有稻渔、稻鸭、稻鹅、稻笋、藕渔、藕鸭、藕鹅等模式。

第二节　稻渔综合种养的发展现状

一、稻渔综合种养概念

稻渔综合种养是稻田综合利用的一类技术模式，其是在传统稻田养鱼的基础上，通过实施稻田工程化改造后将水稻与水产动物有机种养结合，构建的一种生态种养模式。稻渔综合种养在稳定水稻产量与单一种植稻田相当的前提下，通过提升水稻和水产品价值，达到提高稻田综合效益，促进农民增收。按养殖对象划分，稻渔综合种养主要包括稻虾、稻鱼、稻蟹、稻鳖、稻蛙、稻螺等技术模式。稻田养殖鱼类即稻鱼模式，主要分布在四川、贵州、云南、广西、重庆等。稻虾模式的主要养殖品种有克氏原螯虾（小龙虾）、罗氏沼虾、凡纳滨对虾（南美白对虾）、日本沼虾等，比较有名的潜江小龙虾、盱眙小龙虾就是该模式的产品，主要分布在湖北、安徽、江苏、江西、四川、河南等。稻蟹模式主要是稻田养殖中华绒螯蟹（河蟹），主要分布在辽宁、天津、黑龙江、吉林。稻鳖模式主养对象为中华鳖。稻蛙模式主要分布在湖南和江西等地，主要养殖品种为牛蛙、虎纹蛙和黑斑蛙等。稻螺模式主养对象为中华圆田螺、环棱螺，主要分布在广西一带（表1-1）。此外，稻鱼模式根据种养茬口衔接可分为水稻种植与田鱼养殖同时进行的稻鱼共生模式；利用冬闲田进行鱼类生产的稻鱼轮作模式，即冬闲田养鱼模式，该模式可不开挖沟凼，加高田埂后提高蓄水量直接进行鱼类生产。根据养殖模式分类，稻田中投放鱼种，通过投喂饵料养殖成品鱼类的称为稻鱼共生养殖模式和冬闲田养鱼模式；另一类为稻田中投放成品鱼类，不投喂饵料，让鱼类自由采食稻田中的天然饵料称为稻鱼共生净化模式和冬闲田净化模式。稻渔模式分类见图1-1。

表 1-1　全国稻渔综合种养模式分布

稻渔模式	养殖对象	分布地区	规模（万亩[1]）
稻虾模式	小龙虾、罗氏沼虾、南美白对虾、日本沼虾等	湖北、安徽、湖南、江苏、江西、四川、河南、浙江、重庆、广西、陕西、山东	2 350（小龙虾）
稻鱼模式	鲤、鲫、罗非鱼、黄颡鱼等	四川、贵州、湖南、云南、广西、重庆、黑龙江、吉林、浙江、福建、江西	1 500
稻蟹模式	河蟹	辽宁、天津、黑龙江、吉林、湖南、江苏等	260
稻鳖模式	中华鳖	湖北、安徽、广西	—
稻蛙模式	虎纹蛙、黑斑蛙、牛蛙等	江西、湖南	—
稻螺模式	中华圆田螺、环棱螺	广西、江西	—

1　亩为非法定计量单位，1亩＝1/15公顷。——编者注

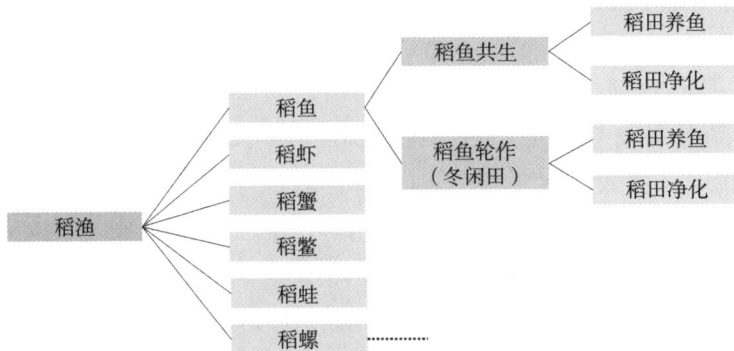

图 1-1 稻田综合利用模式

二、稻渔综合种养发展现状

稻渔综合种养模式在全球都有分布，在亚洲有着悠久历史。早在2 000多年前，我国陕西汉中和四川成都地区就有稻田养鱼记载。从20世纪初开始，印度尼西亚、马来西亚、美国等国家都进行了稻田养鱼的尝试。至20世纪中期，全球六大洲的稻作区共28个国家都有了稻渔综合种养模式的分布，以印度尼西亚、孟加拉国、越南、马来西亚、印度、泰国、埃及、菲律宾、日本等国家的发展较快。近年来，农业农村部高度重视稻渔综合种养模式的推广发展。2015年水产行业标准《稻渔综合种养技术规范》立项并启动制定；2015年起，国家农业综合开发项目中设立稻渔综合示范基地建设项目，支持稻渔综合种养产业化基地的建设。2019年农业农村部发布《关于规范稻渔综合种养产业发展的通知》，要求落实2017年发布的行业标准《稻渔综合种养技术规范 通则》，推进稻渔综合种养产业规范发展。同时，各地加大了稻渔综合种养模式发展的扶持力度。例如，浙江省海洋与渔业局组织实施了"养鱼稳粮工程"，并列入"十二五"浙江省农业重点工程；湖北省将稻渔综合种养列入当地现代农业发展规划；宁夏回族自治区稻蟹生态种养作为"自治区主席工作1号工程"，在全区大面积推广等。据统计，2022年全国稻渔综合种养面积4 295.56万亩，水产品产量387.22万吨，占全国淡水养殖水产品产量的11.77%。通过增加水产养殖和水稻种植效益，同时减少农资投入降低生产成本等，大幅提高了稻田综合效益。

三、重庆市稻渔综合种养的历史沿革

据历史记载，三国时期重庆就已经出现稻田养鱼。曹操的《四时食制》中记载："郫县子鱼黄鳞赤尾，出稻田，可以为酱"；后《大足县志》有载，"万担鲫鱼下重庆"。早期稻田养鱼多为人放天养，产量较低。20世纪80年代，重庆市稻田养鱼开始发展扩大，大足区、璧山区等地在全国率先探索于稻田中开挖"鱼凼"，著名农学家、西南农业大学教授侯光炯的"半旱式耕作法"在重庆地区得到大力推广，将种稻养鱼有机结合，解决了两者间的矛盾。1986 年，重庆市发展稻田养鱼 105 万亩，总产量 0.8 万吨，平均产量约 7.6 千克/亩。

20 世纪 80—90 年代，稻田养鱼在重庆市水产技术推广人员不断努力下快速发展，通过建设规范化鱼田工程、积极推广名特优新品种混养、因地制宜推广"稻鱼菜"等多元复合生态种养模式、做好科学种养和病虫害综合防治等措施，逐渐走向规模化、规范化、标准化，取得了丰硕的成果。重庆市稻田养鱼发展水平也在全国领先，享誉全国，成为重庆市"农业三绝"之一，亩产"千斤稻、百斤鱼"的稻田逐年增多。1996 年，重庆市稻田养鱼约 174 万亩，总产量 4.16 万吨，平均产量 23.91 千克/亩。

四、重庆市稻渔综合种养的发展现状

进入 21 世纪，在农业农村部的大力推动下，稻渔综合种养典型模式不断涌现，逐步形成了"以渔促稻、稳粮增效、质量安全、生态环保"的稻田综合种养新模式。重庆市按照"以渔促稻、稳粮增效"的总要求，集成配套稻渔综合种养关键技术和设施设备，建立稻渔综合种养产业化发展技术体系和配套服务体系，加大政策资金扶持力度，推广多样化稻渔综合种养模式，重庆市稻田综合种养结合模式连续五年被列入全国农业主推技术。

重庆市水产技术推广总站在总结"稻田养鱼"经验的基础上，逐步探索推广稻鱼、稻鳅、稻虾、稻蟹、稻蛙及稻藕-鳅、稻菱-鳅、稻莼-鳅等多样化种养模式，建立多种综合种养模式基地。重庆市通过"稻渔共生"，实现"一田双业、一水两用、一季多收"，令土地焕发新生机，取得了显著的综合效益。1997 年，重庆市被批准设立为直辖市后，随着城镇化进程逐渐加快，稻田渔业面积呈下降趋势，目前重庆市稻渔生态种养主要分布于潼南、梁平、铜梁、南川、荣昌、永川、忠县、合川、江津等 26 个区县。2021 年，重庆市稻渔综合种养面积 36.1 万亩。其中，标准化稻渔综合种养示范面积 17 万亩，核心示范基地 2 万余亩，形成包括大足铁山，武隆凤来，潼南崇龛、太和、龙形等十多个规模 500 亩以上稻渔综合种养示范基地，千亩示范基地 4 个。稻渔综合种养示范基地共实现稻鳅模式亩均产泥鳅 40 千克、稻虾模式亩均产小龙虾 115 千克、稻鱼模式亩均产鱼 139 千克、稻鳖模式亩均产鳖 233 千克、稻蟹模式亩均产蟹类 50 千克，亩均产值 2 000 元以上。此外，重庆市已开发出两个有机稻商标、多个稻田水产品品牌。

重庆地处长江上游，多以丘陵山地为主，现有稻田 1 000 万亩，其中宜渔稻田 400 万亩。"十四五"期间重庆稻渔综合种养面积达到 100 万亩，以综合种养模式推进重庆渔业生态安全和水产品的质量安全。稻渔综合种养模式在重庆主要受东西区域气候和地形影响，形成渝西地区以稻虾为主，渝东地区以稻鱼为主，主要养殖鱼类有鲤、鲫、泥鳅、罗非鱼、黄颡鱼等，投放规格鱼种，投喂配合饲料，当年实现

稻渔双收。

五、重庆市稻渔综合种养的制约因素

(一) 资源利用率低

目前，重庆市宜渔稻田的资源利用率仅为 9%；水产品产量 1.6 万吨，较 1996 年下降 61.54%；平均单产 44.32 千克/亩，较 1996 年提高 85.36%。传统的稻田养鱼区虽呈现恢复性增长态势，但总体规模不大，以小规模、分散型为主，规模达到 500 亩的稻渔综合种养大户较少。

(二) 基础设施差

重庆市地势较为复杂，高海拔地区以高山、深谷等地形为主，使得稻田星罗棋布、分布较广。田间塘边基础配套的设施设备不足，水利、电力、交通、沟渠等基础设施缺乏，尤其是水源工程、输排水工程不完善不配套，缺少养殖尾水净化装置，严重制约着产业发展。

(三) 产业技术水平低

一是绝大多数主体仍停留在传统的技术水平上，以经验为主，没有上升到理论水平，往往出现"只会种稻、不会养鱼；只会养鱼、不会种稻"的现象，产业化水平较难突破。二是苗种繁育体系不健全。小龙虾种苗基本靠养殖户自繁自养，种质资源退化严重，技术储备不够，没有形成一套标准的苗种繁育体系。三是总体发展不均衡。主要表现为水平不高、增长乏力、单产水平低。一些地区的宜渔稻田还未得到很好的利用，一些传统的稻田养鱼地区发展势头不明显，甚至还有退步趋势，稻田养殖水产品的平均单产低于四川省和湖北省。

(四) 产业融合度低

目前，重庆市稻渔综合种养产业以一产为主，大部分产品还是传统的鲜活直销，加工产品种类较少，市场营销渠道较为单一，缺少集苗种繁育、养殖加工、冷链物流、休闲餐饮于一体的全产业链条经营企业。品牌建设较为滞后，品牌化包装和营销不同步，没有形成品牌价值，产品附加值较低。

六、重庆市稻渔综合种养的发展前景

实施稻渔综合种养，不仅可以通过稻渔生态系统消纳养殖过程中产生的粪污，减少排放，同时还能为水体增氧，减少病虫草害，实现化肥农药减量，是一种绿色生态、节本高效的生产方式。稻渔综合种养可以减少化肥和农药用量，节约用水和节省人力。养殖尾水通过稻田循环净化后，能够有效降低水体中的氨氮含量、亚硝酸盐含量、总磷含量和总氮含量。充分发挥稻渔综合种养优势，能有效确保粮食稳产、提升稻渔产品品质和促进农民增收，是助推乡村振兴的重要抓手和保供增收的重要渠道，具有良好的经济效益、社会效益和生态效益，发展潜力巨大。

第二章

重庆稻鱼生态种养模式

稻鱼生态种养是稻渔综合种养模式的一类技术模式。重庆地处长江上游，以丘陵山地为主，旱涝突出，倒春寒比较严重。本章首先介绍了适宜重庆地区的重庆稻鱼生态种养模式。分别介绍了稻田工程建设、水稻种植及管理、稻田鱼养殖技术、稻田鳅养殖技术、稻鱼品牌打造和稻鱼种养常见问题。其中，对于稻鱼工程的设计与实施，分别从设计原则、稻田选择及功能分类、鱼沟凼开挖、灌排口、田埂等稻鱼工程内容，以及稻鱼工程的设计要点与操作要点、稻鱼工程的实施流程进行了详细的介绍。

第一节　模式介绍

一、模式概念

稻渔综合种养模式推广作为农业供给侧结构性改革的一项重要内容，被列入国务院《"十四五"推进农业农村现代化规划》和2022年中央1号文件而鼓励发展。三峡库区是长江重要的生态屏障，适宜发展生态农业，提供更多优质生态农产品以满足人民日益增长的对美好生活的需要。重庆现有1 000万亩稻田，宜渔面积400万亩，为发展稻鱼生态种养模式提供了基础条件。

传统稻田养鱼采用"关深水、种老秧、养苗种"的模式，水稻和田鱼产量低，生产的水稻和田鱼仅能满足农户自身消费需求，不能大面积推广。通过多年的试验示范，结合重庆农业气候、土地、水利等基础条件，以重庆粮油和水产品市场消费为导向，选种优质水稻，采用机插机收，养殖鲤、鲫为主，罗非鱼、草鱼为辅，形成了以"开挖宽沟深凼""选种优质水稻""投放规格鱼种""加强饵料投喂"为技术特点，实现"零化肥、零农药""一季稻、两茬鱼、三结合""当年稻鱼双收"的重庆稻鱼生态种养模式。

二、模式特点

重庆稻鱼生态种养模式核心技术为"开挖宽沟深凼""选种优质水稻""投放规格鱼种""加强饵料投喂"。

（一）开挖宽沟深凼

单块面积1亩以上稻田开挖鱼沟，单块面积1亩以下的梯田开挖鱼凼，总面积不超过10％。土质不保水的稻田可增设防渗膜。开挖土方用于填高加宽田埂，田埂可种植果蔬，实现"一田三用"。

（二）选种优质水稻

模式选择适宜重庆种植的"野香优莉丝""野香优海丝""野香优油丝""丰优香占""宜香优2115"等优质稻品种。采用宽窄项，通过增加每亩水稻种植株数保障水稻稳产，同时生产口感较好的优质大米。

（三）投放规格鱼种

稻田当年4—5月投放规格鱼种。鲤鱼种规格0.3千克/尾以上，鲫鱼种规格0.1千克/尾以上，罗非鱼种规格25克/尾以上，配合后期饵料管理保证水稻收割后开始可出田鱼。水稻收割后，出完田鱼再次蓄水投放0.75千克/尾以上规格草鱼，养殖到翌年3月初出鱼，也可投放小规格鲤和鲫苗种，作为翌年养殖用规格鱼种。

（四）加强饵料投喂

养殖鱼种下田后即可投喂饵料，以配合饲料为主，7月中旬（水稻开花）以前增加日投饵量，视水稻病害情况酌情降低日投饵量，水稻开花后日投饵量降低。前期以人工饵料为主，后期以天然饵料为主，在保证田鱼规格的前提下，既满足鱼的营养需求，又保障成品鱼的良好口感。

三、产业意义

重庆稻鱼生态种养模式解决了养殖鱼类的投放规格、投放密度、饲养管理以及种植水稻的栽培密度和栽培管理等问题。模式可稳定实现每亩产优质水稻450千克、鱼100千克，亩产值6 000元以上，每亩综合效益4 000元以上。模式现已完全实现在保证水稻产量稳定和稻鱼双丰收的前提下，全过程少施用化肥、零施用农药，有效带动改善农业生态环境。

四、综合效益

（一）节约成本

模式在满足水稻机械化生产和水稻稳产的前提下，已实现少施用化肥和零施用农药，每亩节约化肥农药成本200元；通过田鱼控草节约除草人工费200元，第二年可实现免耕，进一步每亩节约了120元耕作人工费；冬闲田养鱼还可利用5％左右产量的落粒稻谷，综合节约成本500余元。

（二）提升品质

模式生产的"稻田鱼"和"稻鱼米"连续4年检测均符合绿色食品检测标准，示范基地产品已获绿色食品认证6个；"晨帆牌"稻鱼米和稻田鱼均符合欧盟检测标准并获有机食品认证。

（三）增加效益

模式可实现每亩产优质水稻470千克以上，鲤150～200千克、鲫130～180千克、罗非鱼180～220千克、草鱼60～80千克,产值6 000元以上,每亩综合效益4 000元以上。模式现已完全实现在保证水稻产量稳定和稻鱼双丰收的前提下,全过程少施用化肥、零施用农药,有效带动改善农业生态环境。模式现已帮助建立村集体经济25个,带动2 000余户农民增收,是巩固拓展脱贫攻坚成果同乡村振兴有效衔接的产业之一,2019年入选教育部第二届省属高校精准扶贫精准脱贫典型案例。模式先后被《科技日报》《中国教育报》《重庆日报》等报道。

五、经济效益

(一)节约耕地

重庆稻鱼生态种养模式不再需要挖鱼塘,而是立体化、综合化地开发和利用稻田,这是稻鱼模式生产方式的一大特征。在当今的少部分农村,由于缺乏观念或生产技术,稻谷的产量总是上不去,更有甚者直接把稻田搁置成荒地。稻鱼模式的生产方式就能避免这种因单一种粮产值不高而抛荒的问题,稳定了粮食种植面积和粮食产量。推广稻鱼生态种养技术,不仅能够提高水稻产量,增加水产品产值,还能增加农民收入,改变目前单纯种植水稻收益低的现状,提高农民种植的积极性。

(二)节约化肥

重庆稻鱼生态种养模式通过加强投喂鱼类饵料,水产动物的排泄物能作为水稻的肥料,以及水产动物在田间穿梭游动能使土壤变得更加疏松,增加了溶氧量,改善土壤肥力,从而实现少施用化肥,减少农业面源污染。

(三)节省农药

鱼类和水稻在同一块水田里不仅不是一对相互竞争的因子,还是一对互利共生的促进因子。鱼类可以有效捕食田间害虫,把它们转化为人类所需的动物蛋白,减少了水稻的病虫害,提高了水稻的抗病虫害能力。此外,鱼类在田间活动也可采食部分杂草或抑制杂草生长。同时,冬闲田蓄水养鱼后抑制了杂草生长和水稻害虫卵繁殖,从而实现零施用农药。试验表明,相比于稻鱼模式,单一种植水稻田中的害虫增加200％以上。此外,稻鱼模式每亩稻田每年用于农药的投入至少可减少50元。

(四)稻田增产

重庆稻鱼生态种养模式需要在稻田内开挖沟凼,一般占稻田面积的5％～10％,但投入这些面积,一般能使水稻增产5％～10％,亩产一般能达到400～500千克。这是因为在稻田中挖出沟渠有利于水稻的分蘖,在水稻边行优势的作用下,透光性和通风性更强,水温更高;而稻田中的水产动物活动可使稻田中的土壤变得肥沃,杂草和害虫减少。同时,稻田里生产的鱼类肉质细嫩,味道鲜美,是绿色食品,比传统池塘养殖模式鱼类价格高10％～20％。综合水稻和鱼类产值,相比于单一种植稻田,重庆稻鱼生态种养模式能实现稻田产值翻番。

(五)节本增收

重庆稻鱼生态种养模式基础设施鱼沟开挖投入使用周期为2～3年。如果实施永久性稻鱼田间基础设施工程（永久性加高、加固田埂、鱼凼及进排水渠），就不再需要每年出工出钱进行水渠的维护。同时，稻鱼种养免去了耕田、整田成本和人工除草成本。因此，稻鱼生态种养非常适合乡村产业振兴，节本增收。

（六）经济效益

1. 成本计算

按照现行市场价格，每亩稻田采用重庆稻鱼生态种养模式每年成本计算如下：

（1）材料费　见表2-1。

表2-1　重庆稻鱼生态种养模式材料费清单

序号	项目	预算	备注
1	水稻种	100元	优质水稻，0.5千克/亩
2	鱼种	400元	100~120尾，规格10~15厘米/尾
3	饲料	600元	配合饲料价格，自己配饲料价格折半
4	基础设施	400元	沟渠开挖、拦渔网、灭蚊灯等折旧费（鱼沟300元/亩，拦鱼网、灭虫灯600元）
	合计	1 500元	

（2）人工费　见表2-2。

表2-2　重庆稻鱼生态种养模式人工费清单

序号	项目	预算	备注
1	播种＋插秧	160元	用工合计2天，80元/天
2	日常管理	160元	用工合计2天，80元/天
3	收割	80元	机械收割
	合计	400元	

（3）土地成本费　500元。

因此，每亩稻田每年成本共计2 400元。

2. 产值计算

重庆稻鱼生态种养模式每亩产值见表2-3。

表2-3　重庆稻鱼生态种养模式产值清单

序号	项目	收入	备注
1	稻鱼米	3 000元	每亩产优质水稻450千克，加工成精米300千克，每千克10元
2	稻田鱼	4 500元	每亩产稻田鱼150千克，每千克30元
	合计	7 500元	

3. 利润

重庆稻鱼生态种养模式每亩利润为5 100元。

六、生态效益

（一）有利于农业资源循环利用

重庆稻鱼生态种养模式是一种生态农业生产方式，营造了水产养殖与水稻种植一体的稻田生态系统，将种稻与养鱼结合起来，实行种养结合。水稻与鱼类混合种养的方式可以促进稻田生态系统中能量的循环转化，各种资源能在一定范围内多次重复利用。因此，重庆稻鱼生态种养模式在无形中发展和丰富了循环农业的内容，有效实现了农业资源的循环利用，做到物尽其用。

重庆稻鱼生态种养模式的能量转化原理：在稻鱼系统中，水稻和鱼缺一不可，它们是相依相伴、相辅相成且相互补充、相互促进的。稻鱼系统中的非生物因子主要包括阳光、湿度、水利条件、二氧化碳等；生物因子则主要包括水稻、鱼类、水生昆虫、浮游生物、藻类、杂草等。在稻鱼模式生产中，水稻是主体，它通过光合作用生产出能够提供给人类的稻谷和稻草。稻田中的植物不止水稻一种，杂草、浮萍等也进行着与水稻一样的能量转化过程，大量掠夺水稻生产所必需的阳光、水分、肥料、二氧化碳等，并成为水稻病虫害的中间宿主。如果往稻田内放入鱼类，就等于放入了杂草、稻田中浮游生物和害虫的天敌，杂草和害虫的数量减少，水稻能争取到的养分就更多。同时，鱼类的排泄物中又富含碳和氮，为水稻增加了养分。水产动物也在摄食和运动的过程中不断长大，越来越肥美。

（二）有利于缓解旱涝

重庆稻鱼生态种养模式还具备调节旱涝的功能，通常被称为稻田中的"水库"。主要是由于用于进行养鱼作业的稻田不但需要开挖沟渠，稻田田埂也要进行加固加高，渗水情况减少，稻田的蓄水量加大。对于旱涝十分突出的重庆地区，农户可以利用稻鱼田中的蓄水来种稻。因此，稻田的蓄水功能可以很好地缓解水稻田旱涝灾情，保障水稻稳产。

（三）有利于改善农业环境

重庆稻鱼生态种养模式将原来单一种水稻的生态平衡打破，通过人工新建的生态系统，追求生态系统的综合利用，巧妙安排了能量的传输和转换功能。据观察，实施稻鱼模式后，稻田中的蚊子等害虫几乎消失，会传播病虫害的中间宿主大幅度减少。由于病虫害的减少，农户减少了对农药的使用，改善了农业的生态环境，提高了大米和水产品的质量。重庆稻鱼生态种养模式坚持以不施用化肥、不施农药的生态种养模式为发展理念。实践表明，经过连续 2 年的实施，水稻田里的青蛙、萤火虫等有益动物也逐渐增多，为农业面源污染减排和生态修复起到了示范作用。

七、社会效益

（一）有利于传承农耕文化

随着现代农业生产方式的发展，我国传统的农业耕作文化受到一定冲击，一些被现代方式排挤出局的农耕方式就此消失。如果能调动农民的积极性，坚持传承和发展重庆稻鱼生态种养模式，则能对我国传统农耕文化起到一定程度的保护作用。这是因为，在我国传统农业生产方式中，稻鱼模式是不可或缺的一种重要生产模式，同时也是少数民族地区传统农耕文化的一个重要部分。例如，在云南省的少数民族地区，稻鱼文化得到了系统的传承与发扬，这种文化包括物质文化形态，从饮食习惯到风俗礼仪，渗透到人们生活的方方面面。

（二）有利于提升农产品质量

鱼类既可采食稻田中的杂草和害虫的幼虫及虫卵，排出的粪便又可减少化肥的使用，使得稻、鱼都成为真正的绿色食品、安全产品。此外，稻鱼模式同步带动了重庆本地鱼类产量的提升，为山区及丘陵地区"吃鱼难"问题提供了有效的解决方式，贫困地区农村居民的膳食结构有望得到调整，身体素质有望得以增强。

（三）有利于发展乡村旅游

伴随着都市人群对休闲度假需求的日益增加，休闲农业如雨后春笋般在城市周边大量兴起。重庆稻鱼生态种养模式以其生态性、循环性著称，稻花香、鱼儿肥，吸引着大都市的人们远离城市的喧嚣，回归到最质朴的田园生活中，因此可作为别具特色的休闲农业进行大力发展。稻鱼模式又有着区别于普通休闲农业的体验方式，游客可参与喂稻田鱼、捉稻田鱼、吃稻田鱼，亲身体验农耕生活。每年稻鱼成熟时，来观光的游客络绎不绝，拉动了当地经济的增长。因此，加以有效的宣传，重庆稻鱼生态种养示范区也能成为一方著名的观光旅游胜地。

（四）有利于乡村振兴

通过实施重庆稻鱼生态种养模式，大幅提高稻田生产效益，结合稻田艺术、垂钓、摸鱼等乡村旅游项目，提高农业产值；结合"三权改革"，资源变资产，资金变股金，村民变股民，有效增加村民收益，带动增收，推进乡村振兴。

第二节　稻田工程建设

稻鱼生态种养模式是重庆稻渔综合种养的一类技术模式。如何进行稻鱼生态种养田间工程的设计和建设，是新一代稻鱼产业从业者急需掌握的关键技术，也是经营固定成本投入的主体。重庆地处长江上游，地势由南北向长江河谷逐级降低，西北部和中部以丘陵、低山为主，东南部坡地较多，多梯田；属亚热带季风性湿润气候，干旱和洪涝灾害突出，多集中在5—9月；年日照数为全国最少的地区之一，冬、春季日照更少，仅占全年的35%左右。稻渔综合种养模式在重庆主要受区域地势和气候影响，形成渝西地区以稻虾为主，渝东地区以稻鱼为主，主要养殖鱼类有鲤、鲫、泥鳅等。由于重庆地势多样，稻鱼工程设计与实施尤为关键。

一、稻鱼工程内容

(一)设计原则

1. 水稻为主

稻鱼工程要以满足水稻栽培管理为主。第一,要做到保障水稻正常生长和合理的栽培密度,以保证稻谷产量与单一种植水稻模式相当;第二,要满足宜机化水稻栽培管理,包括机械化插秧与收割。

2. 防洪抗旱

要做到防洪抗旱,针对积水区域应加强泄洪渠和排水口设计,遇到雨季提前排水和疏通溢水口缓冲洪水压力,遇到旱灾便于及时利用沟渠存水浇灌稻田,保证水稻生长。

3. 因地制宜

按照"宜沟则沟、宜凼则凼"原则,在满足前面两部分的前提下,宽度大的田块尽量开挖鱼沟,利于水稻栽培管理;单个田块尽量开挖 1 条沟或凼,便于鱼类养殖管理。

(二)稻田选择

1. 水源

水质好,碱度、硬度、pH 符合养鱼要求,同时铅、汞、镉等重金属含量符合《渔业水质标准》要求;水量足,在满足单一种植水稻栽培的前提下,水稻收割前后20 天,能够满足 3 天内蓄满稻田的流量;易排灌,依靠水渠或管道自然引水,排水口设置能够直接排干水。

2. 土壤

土壤质量好,土壤铅、汞、镉等重金属指标符合绿色农产品生产要求,这是实施稻鱼生态种养模式的前提;土壤保水好,以壤土为宜(一半沙一半黏土),不用增设防渗膜即可蓄水;土壤可塑性好,渝东南部分地区存在沼泽地,若开挖沟凼需增设挡板,不建议实施稻鱼工程。

3. 地势

稻田单个田块面积应在 0.5 亩以上,海拔不超过 1 200 米,连片为宜,便于集中管理;作为积水区,若周围有其他农作物生产区应结合泄洪渠和排水渠,在植保作业期间避开来水,避免农药造成田鱼死亡;丘陵和平地应做好泄洪渠和排水渠修建,防止雨季溢田致鱼外逃;稻鱼模式稻田还需兼顾避免人为盗鱼和保证交通便利。

(三)稻田功能分类

由于重庆地势以丘陵、低山为主,多梯田,尤其针对水产养殖发展较差的渝东区域,鱼种均需外购和长距离运输,这样既增加了养殖成本,又存在应激致鱼种成活率低,增加养殖风险。因此,利用较小田块作为鱼种稻田,第一年引入夏花鱼种培育至翌年作为成鱼养殖用鱼种；同时由于稻田水质微生物多样性与池塘水质存在差异，池塘暂养会引起田鱼体色变暗，影响稻田鱼的商品价值，结合清田的田鱼集中暂养，保证稻田鱼品质和方便捕捞，选择1～2个小田块作为暂养稻田。整个稻鱼工程稻田分为3类：成鱼稻田、鱼种稻田和暂养稻田。

1. 成鱼稻田

占比90%左右，主要以生产成鱼为主。尽量选择面积1亩以上的稻田，面积3亩以上的稻田可配备投饵机。

2. 鱼种稻田

占比8%左右，培育大规格鱼种。选择面积0.5～1.0亩的稻田，需配备防逃网和防鸟网，也可用驱鸟带防鸟害。

3. 暂养稻田

占比2%左右，主要满足清田鱼类集中暂养和销售。选择面积0.5～1.0亩且交通便利的田块，需配备增氧机。

(四) 鱼沟、鱼凼

1. 规格

（1）面积　鱼沟、鱼凼开挖面积不超过稻田总面积10%，以8%左右为宜。

（2）切面图　鱼沟、鱼凼切面宽度不低于4米，深度1.5～2.0米，护坡坡度不超过45°，如图2-1所示。

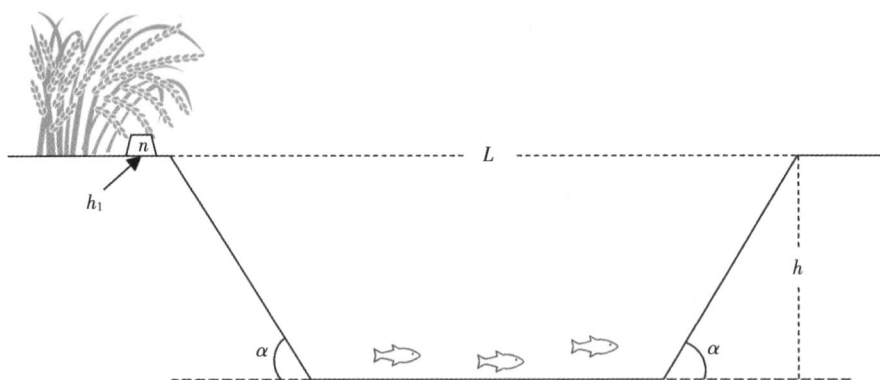

图 2-1　沟凼切面图示

α 示坡度，$\alpha < 45°$；h 示沟凼深度，$h = 1.5 \sim 2.0$ 米；L 示沟凼宽度，
$L > 4$ 米；n 示土垄，h_1 示土垄高度，$h_1 = 0.1 \sim 0.2$ 米

（3）平面图　一个稻田尽量设置1个鱼沟或鱼凼，鱼沟依田块走势，两侧护坡呈平行设置；鱼凼依田块形状设于田块一端，如图2-2所示。

2. 设置

沟凼开挖位置优先选择稻田光照弱、冷浸及低洼处。例如，有树遮阴一侧，以利于水稻生长，亦便于高温伏旱天气养殖鱼类管理。

（1）冲田　冲田是位于丘陵或山间较狭窄的谷地上的农田，主要为冲沟形成

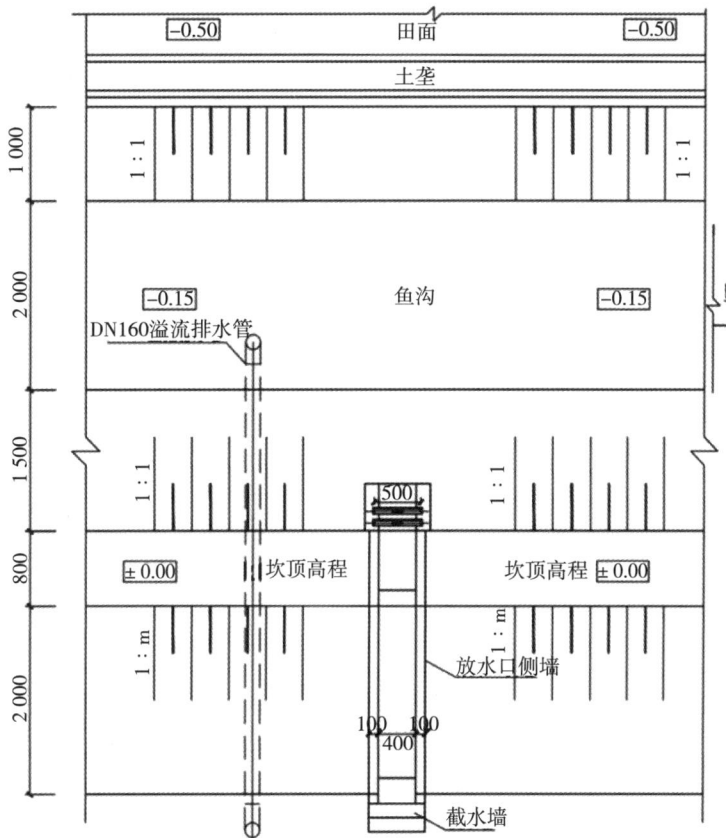

图 2-2 鱼沟及田埂布置平面（mm）

的连片田块，汛期易形成渍涝、洪水溢田。冲田多分布在重庆的垫江、忠县、涪陵等地。冲田鱼沟多选"一"字沟，以田宽 10% 作为宽度沿着田埂侧开挖鱼沟，一端设农机便道，田两边较低侧设泄洪渠。一般高程低的冲田积水量大，鱼沟设置在泄洪渠对侧，地势最低的稻田一般不开挖鱼沟，加固外侧田埂并设置拦渔网。高程高和积水量小的冲田鱼沟临泄洪渠侧，开挖土方就近加高加宽田埂，如图 2-3 所示。

（2）梯田　梯田为坡度 10% 以上，水源方便的坡地沿等高线辟成阶梯田面的农田，多分布在重庆的云阳、酉阳、秀山等地。梯田鱼沟多选择两侧开挖鱼凼，当梯田宽度小于 8 米则开挖鱼凼，宽度大于 8 米则可开挖鱼沟。田面高程落差小于 2 米的梯田，鱼沟可沿田埂侧开挖；落差大于 2 米的梯田鱼沟应靠内侧田埂开挖，梯田一侧设排水渠，如图 2-4 所示。

（3）平坝田　平坝田为坡度 10% 以下的田块，多在重庆梁平、开州、潼南等地，平坝田开挖鱼沟多选"一"字沟，以田宽 10% 作为宽度沿着田埂开挖鱼沟。积水区需就近用开挖土方加固田埂高于洪水位线，如图 2-5 所示。

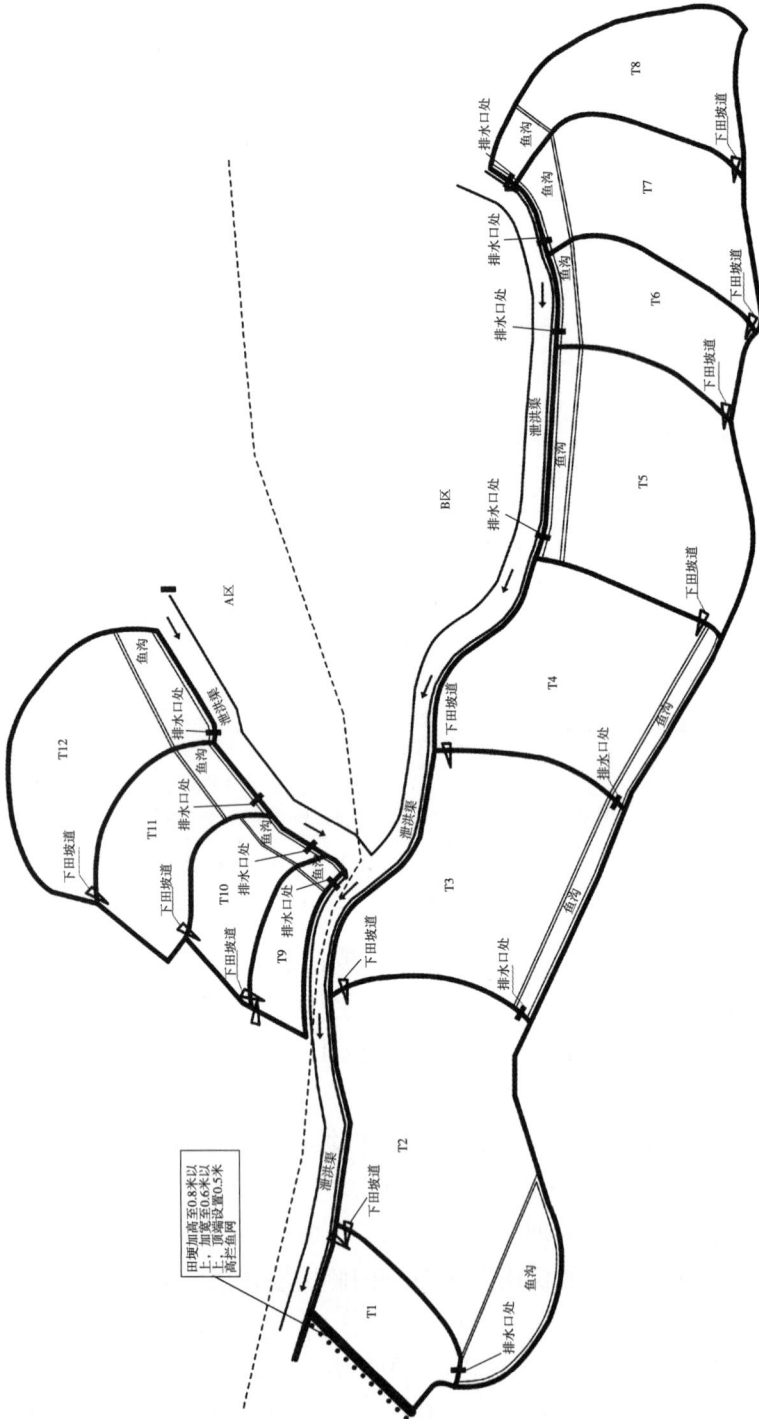

图2-3 冲田鱼沟开挖示意

A区冲田为积水量小的稻田，鱼沟临泄洪渠侧开挖；B区冲田中T1为最低高程稻田，加固外侧田埂并设置拦渔网；
T2、T3、T4为低高程稻田，鱼沟设置在泄洪渠对侧；T5、T6、T7为高高程稻田，鱼沟临泄洪渠侧开挖

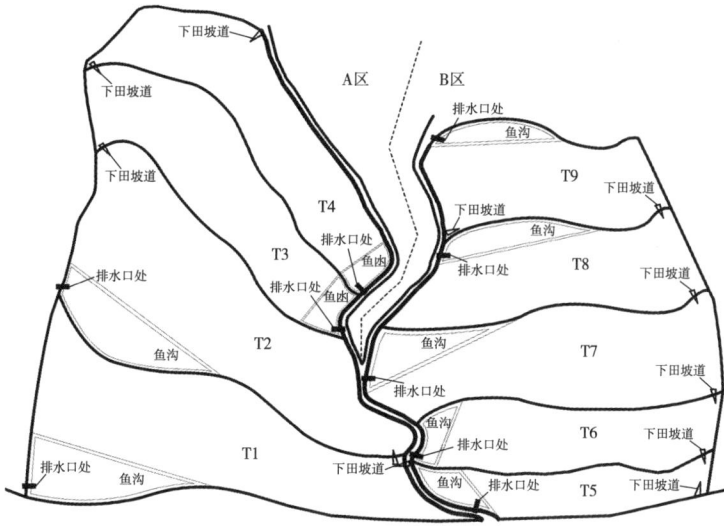

图 2-4 梯田沟凼开挖示意

A 区梯田为田面高程落差小于 2 米的稻田，其中 T1、T2 为田宽大于 8 米的稻田，在临田埂处开挖鱼沟，开挖土方就近加宽加高田埂；T3、T4 为田宽小于 8 米的稻田，在稻田一侧开挖鱼凼。B 区梯田为田面高程落差大于 2 米的稻田，其中 T5、T6 为田宽小于 8 米的稻田，在稻田一侧开挖鱼沟，开挖土方就近加宽加高田埂；T7、T8、T9 为田宽大于 8 米的稻田，在田埂对侧开挖鱼沟，开挖土方就近加固内侧田埂护坡

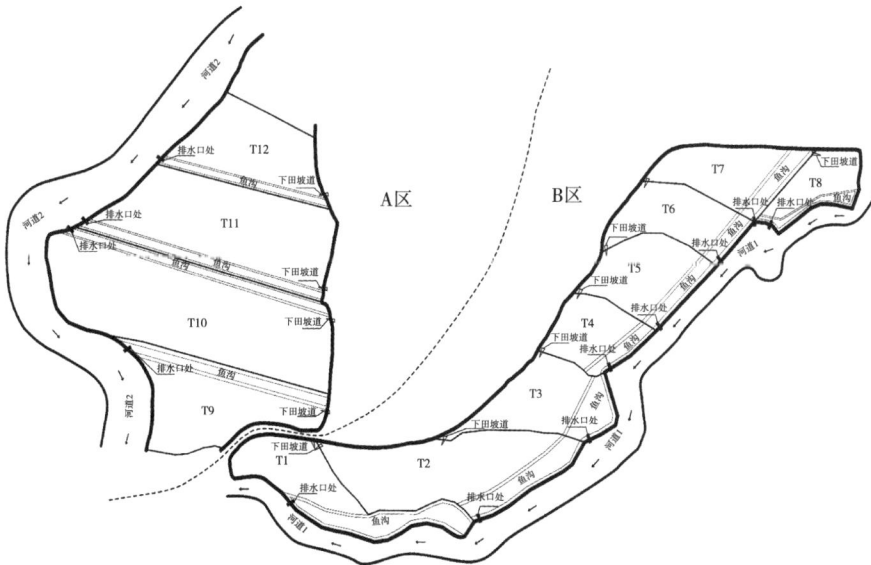

图 2-5 平坝田鱼沟开挖示意

A 区平坝田为田面高程高于河道洪水位线稻田，鱼沟可顺田埂开挖，邻近两块稻田鱼沟开挖加高加宽同一田埂，作耕作便道和果蔬种植；B 区平坝田为田面高程低于河道洪水位线稻田，鱼沟开挖顺河道方向临河开挖，开挖土方加宽加高田埂防洪水

（五）灌排口

1. 进水口

进水口设在沟凼远端，需增设纱绢滤网防野杂鱼和敌害。

2. 排水口

排水口设在沟凼侧，鱼沟底部设置 1 个 U 形连通器，采用 PVC 塑料管拔管方式。PVC 排水管管径 200 毫米以上，尽量采用 300 毫米管径，利于排水防洪和清田，利用 90°弯头连接成 U 形管，内外两侧竖管不用胶水直接连接。稻田内侧排水管深0.4 米，防淤泥堵塞，上端用相应管径透气帽，鱼种稻田用相应管径地漏防田鱼外逃，稻田外侧排水管齐田面高，以通过管道来调节稻田水位，如图 2-6 所示。由于单根 PVC 管长 4 米，因此排水管设置还需要 1 个相应管径的直通，每个排水口具体材料使用清单见表 2-4。单块面积不超过 2 亩设置 1 个排水口，超过 2 亩田块设置 2个及以上排水口。

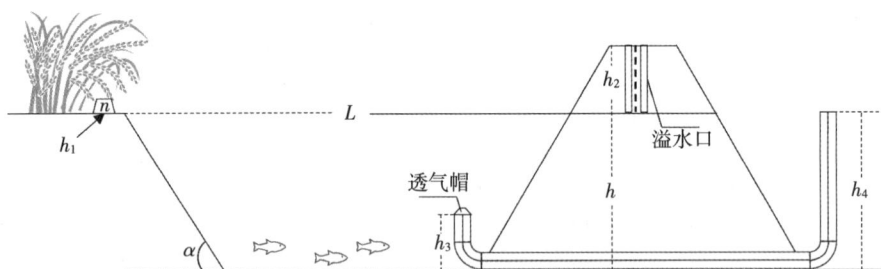

图 2-6 排水口切面图示

h_2 示田埂高，$h_2=0.3\sim0.5$ 米；h_3 示田内侧水管深，

$h_3=0.4$ 米；h_4 示田外侧排水管深，$h_4=h$

表 2-4 稻田排水口材料使用清单

序号	PVC 管材名称	数量
1	200 毫米/300 毫米排水管	8 米（2 根×4 米/根）
2	200 毫米/300 毫米直通	1 个
3	200 毫米/300 毫米透气帽	1 个
4	200 毫米/300 毫米地漏	1 个
5	200 毫米/300 毫米 90°弯头	2 个

3. 溢水口

溢水口设在排水口上端，宽 0.6 米、深 0.3～0.5 米，采用不锈钢穿孔板（1～3厘米孔径）作拦鱼网，内置工程木制模板调节水位，也可用沙袋或泥土依水位需求调节水位高度，如图 2-7 所示，稻田溢水口透视图如图 2-8 所示。

图 2-7　稻田溢水口俯视

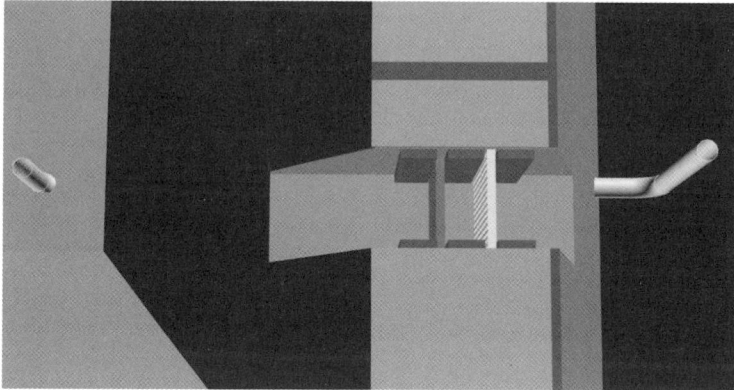

图 2-8　稻田溢水口透视

（六）田埂

1. 规格

不影响水稻日常管理的情况下，田埂高 0.3～0.5 米，一般高 0.3 米以上即可，宽依开挖土方就近原则加宽 0.3 米以上。平坝田埂应就近利用鱼沟并挖土方加高，以辅助防洪。

2. 设置

根据道路和水渠规划，田埂加宽后可作为耕作便道，也可种植绿肥、蔬菜、果树等；为便于人行走，可用混凝土预制板（图 2-9）作梯步。

（七）其他设施

1. 驱鸟

可在沟凼表面设置尼龙防鸟网和反光驱鸟带（图 2-10）预防鸟害，用竹子作框架，将两者附在上面。防鸟网可靠性强，成本较高，一般采用 5 厘米以下孔径的加厚尼龙网，可用 2～3 年；驱鸟带操作简便，价格便宜，一般采用红白、绿白和黄白

图 2-9　混凝土预制板模具

的彩带混合使用，平均间隔 1 米左右。

图 2-10　防鸟网和驱鸟带

2. 灭虫

田埂上可设置灭虫灯，以太阳能灭虫灯为主，如图 2-11 所示。接线方便的稻田可接民用电源，需注意防触电。按照可视区域设置 1～2 盏灯的原则，不必每个稻田均设置灭虫灯。也可用黄板、性诱盒等灭虫。

图 2-11　太阳能灭虫灯

3. 增氧机

增氧机（图2-12）一般选用水车式增氧机或喷水式增氧机，电机额定电压220伏、功率750瓦，也可以采用太阳能水层交换机。增氧机的目的是机械增氧和促进养殖水体水平交换，喷水式增氧机还可以充当水泵的功能。由于稻田鱼沟水较浅，不宜采用搅拌深度较大的涌浪曝气式增氧机和叶轮式增氧机。

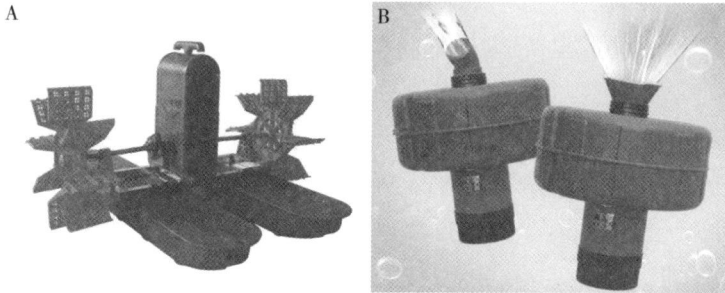

图2-12 重庆稻鱼生态种养模式用增氧机类型
A. 水车式增氧机 B. 喷水式增氧机

二、稻鱼工程实施要点

（一）设计要点

1. 泄洪渠设计

稻鱼模式最大的隐患是洪水溢田导致田鱼逃跑，所以泄洪渠设计尤为关键。设计上一般按照20年一遇洪水的标准进行设计，有条件的地方可多开挖土方增加泄洪渠落差，加固护坡以增强泄洪渠过水能力。

2. 沟凼设计

沟凼开挖土方量是稻鱼工程的主要投入，也是最大的一次性成本投入。因此，沟凼设计既要考虑使用年限，又要考虑开挖土方的处理。设计上一般在控制总体面积10％以内的条件下尽可能增加沟凼的宽度（直径），护坡坡度尽量控制在30°左右，同时增加沟凼深度以延长沟凼使用年限。开挖土方以就近加宽加高田埂或内侧田埂护坡为主，以减少挖机的工作量。

3. 排水口设计

排水口是稻鱼模式日常水位管理的关键，合理的排水口设计能够方便后期稻田水位管理以及发挥稻鱼工程防洪抗旱的作用。设计上按照1小时排完稻田水量的原则，尽可能增加排水口，尤其是底排水，这有利于后期防洪和成鱼集中捕捞。

（二）操作要点

1. 开挖前准备

建议需要实施的稻鱼基地均提前联系设计公司和相关产业技术人员共同做好修建性方案；严格按照修建性方案对挖机师傅进行培训，重点在沟凼开挖、泄洪渠和排水口的节点施工；施工前疏通田面积水，提前排水干田，减少挖机工作量。

2. 沟凼开挖处理

沟凼开挖土方就近用于田埂加宽加高，操作中需要注意土方应层层夯实，严格清理掉土方中的灌木、杂草、碎石等，保证田埂的保水性。需要增设防渗膜的沟凼，防渗膜需严格做好田埂顶部压顶土壤不低于 0.2 米，底部填埋土壤不低于 0.3 米。

3. 排水口管道填埋

排水口是整个稻鱼工程实施中决定沟凼保水性能的核心部位，操作中需将排水管底部土壤人工夯实平整，放置排水管后人工回填土壤，层层夯实至 40 厘米以上后再用挖机进行夯实回填土方。不能全程用挖机回填，易损坏水管，易产生与水管接触处夯实不均造成后期排水口处渗水。排水口外侧管底部建议铺设 1 米半径的塑料薄膜，防止水冲击土壤流失，引起排水管损坏及周围田埂坍塌。

4. 开挖后处理

建议遍撒绿肥草籽，以护坡和抑制杂草生长，便于后续稻鱼种养管理。同时，需对田块整体进行平整，保证稻田水平一致，利于灌水后鱼能正常在稻田中活动。

三、稻鱼工程实施流程

实施稻鱼工程建议第一步需要选择适宜的稻田，同时采集目标稻田水样和土样进行重金属、农药残留指标检测；再进行稻田基础测绘；然后制订修建性方案；待方案定稿后组织施工人员开展工程实施培训，重点针对挖机师傅和施工员；培训完成后再进行施工。稻鱼工程实施流程图如 2-13 所示。其中，稻田测绘和方案设计可以与农田改造结合以减少成本投入。

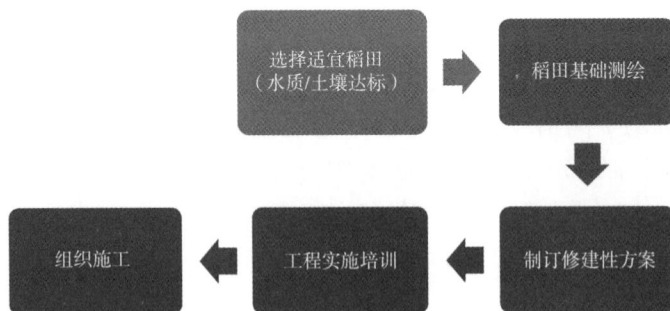

图 2-13　稻鱼工程实施流程

第三节　水稻种植及管理

一、水稻生物学特性

（一）水稻的生产

现代农业依靠大量施用化肥、农药和消耗大量的资源来提高作物产量，水稻生产也不例外。长期大量使用化肥、农药等化学物质，不仅给人类生存的环境带来了不可逆转的负面影响，也对人类的食品安全造成威胁；而对土壤的掠夺性使用、不重视培肥，则给水稻生产的持续稳定发展带来威胁。我国北方地区，水资源短缺是发展水稻的根本制约因素，南方则由于水污染使得水稻灌溉用水受到极大的制约。水稻的可持续生产，就是要以合理利用自然资源与经济条件为前提，采取符合生态安全、食品安全的生产技术，实现水稻生产的高产稳产，生产出优质、安全的稻米。

（二）水稻的生长发育

水稻一生主要经历营养生长和生殖生长两个时期（图 2-14）。营养生长期包括秧苗期和分蘖期；生殖生长期分为拔节孕穗期、抽穗开花期和灌浆结实期。营养生长期是通过肥水管理搭好丰产的苗架，应防止营养生长过旺，否则不仅容易造成病虫害而且也容易造成后期生长控制困难而贪青倒伏等，对水稻产量形成影响很大。生殖生长期需要重视肥、水、气的协调，延长根系和叶片的功能期，提高物质积累转化率，实现穗数足、穗型大、千粒重大和结实率高。

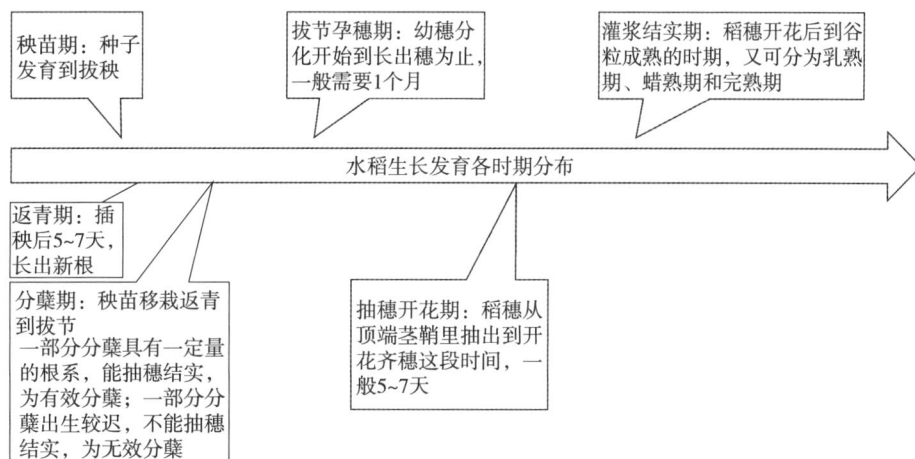

图 2-14　水稻生长发育时期

（三）水稻的生育特点

水稻一穗全部抽出需 3～5 天，穗顶小穗露出剑叶叶鞘 1～2 天就开花，一个穗开花需 5～8 天。每朵花开放到关闭 1～2 小时。一般每天上午 9—10 时开花，11—12 时最盛，下午 2—3 时停止。开花最适宜温度 30～35℃，最低温度 15℃，一般开花后 9～18 小时完成受精过程。

水稻生育期的稳定性：早稻全生育期 100～125 天，中稻 130～150 天，连作晚稻 120～140 天，一季晚稻 150～170 天。水稻生育期的可变性：同一品种随着纬度和海拔高度的降低，生育期缩短，同一品种在不同季节随播种季节推迟生育期缩短，播种季节提早其生育期延长。南方引种到北方，生育期延长。

水稻栽培方式有很多种，结合稻田养殖，主要有机插秧、人工插秧和直播三种方式。

二、品种选择

选用品质好，耐肥抗倒、分蘖强、抗病抗逆性较强的优质水稻品种为主。适宜重庆地区不同海拔种植的部分水稻品种有"泰优390""川优6203""宜香优2115""神九优25""野香优油丝""野香优丽丝""野香优海丝""渝香203""丰优香占""神九优228"等。

三、水稻育秧

重庆水稻种植的特点为田块小，以丘陵山地为主，机械化程度相对较低。重庆水稻育苗以旱育秧为主；在低丘陵区域有部分采用机插秧，需要机插水稻的育秧。为了实现高效种养管理，重庆稻鱼生态种养模式建议在连片平整稻鱼基地推广使用机插秧，减少人力和物力投入，提高生产效益。

（一）机插育秧

水稻机插育秧主要采用钵状（图2-15）和毯状软盘以及双膜育秧，其特点是播种密度大、床土土层薄、秧盘尺寸标准、秧龄短、易于集约化管理、育秧苗床及肥水利用率高。秧田与大田比为1∶（80～100），可节约大量秧苗。

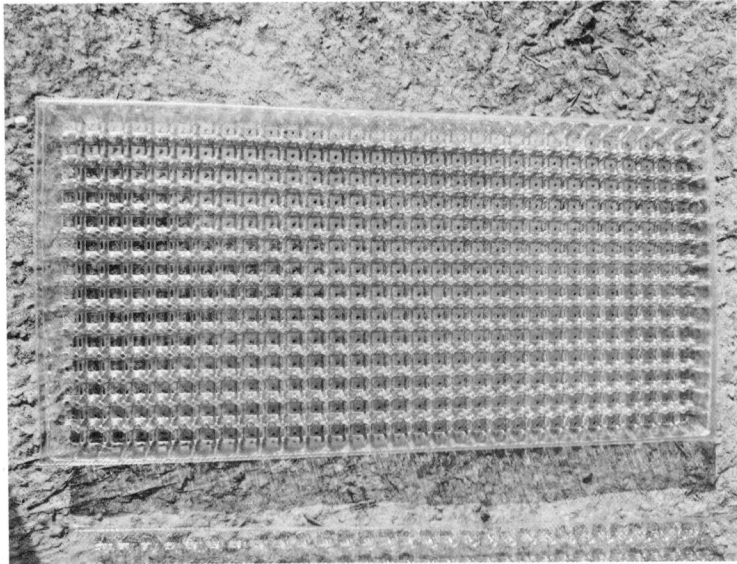

图2-15　钵状软盘

1. 水稻育秧作业流程

水稻育秧作业流程如图2-16所示。

2. 育秧准备

（1）床土（营养土）准备　选用土壤肥沃、疏松通气、无杂草、无砾石、呈弱酸性的菜地土或半沙半泥壤性土作床土（也可选用掺客沙或客泥的办法解决）。数量

24

晒种 → 选种 → 发芽试验 → 药剂浸种 → 催芽

制作秧床 → 铺放空盘 → 拌状秧剂 → 匀装盘土 → 均匀播种 → 洒水消毒 → 盖土 → 封膜 → 揭膜炼苗 → 秧苗管理 → 插秧

取土 → 过筛 → 拌肥 → 堆闷

细土

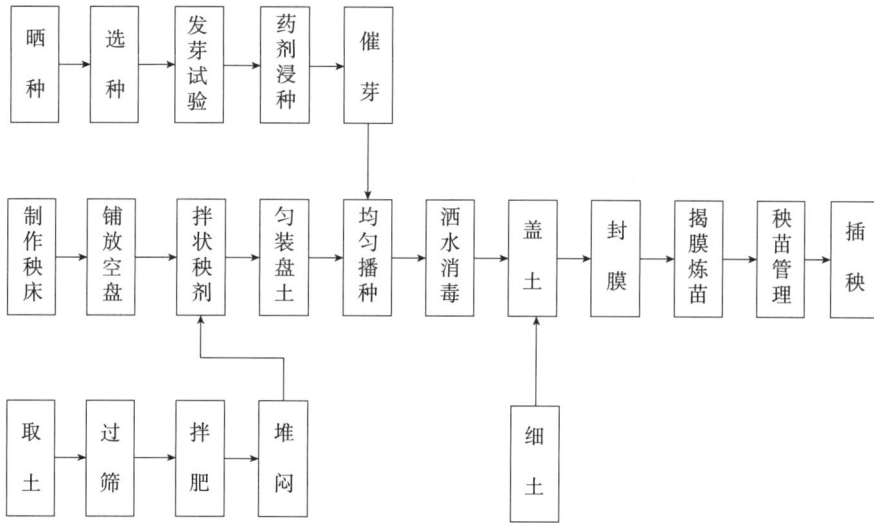

图 2-16 水稻育秧作业流程

按每亩大田育秧量准备 100 千克左右细土。床土培肥要求是肥沃疏松的菜地土壤，过筛后可直接用作床土。其他适宜土壤取土前，每亩施用 500～1 000 千克农家肥、60～70 千克复合肥或 100 千克有机肥，并及时旋耕入土，经冻晒后再旋耕 2～3 遍，取表层土过筛（细土粒径不大于 5 毫米，其中 2～4 毫米的达到 60% 以上）后盖膜堆制一个月以上备用。取土地块 pH 偏高的，可酌情增施过磷酸钙以降低 pH（适宜 pH 为 5～6.5）。营养土适宜的含水率标准为手捏成团、泥不粘手、落地即散。

冬前来不及培肥的，宁可不培肥而直接使用过筛细土，在秧苗断奶期追肥同样能培育壮秧。确需培肥的，至少应于播种前 30 天进行。一般每 100 千克细土加尿素 60 克、过磷酸钙 150 克、硫酸钾 40 克或加复合肥 0.3 千克，均匀拌入并搅拌 3 次以上。培肥后一定要盖膜闷堆促进腐熟。要注意的是牛粪、家禽粪等未腐熟的厩肥以及淤泥、尿素、碳铵等严禁直接拌作底肥，否则易造成烧苗。

（2）品种准备　根据基地所在海拔和市场需求选择适宜的水稻品种，根据育秧盘的样式，每亩稻田播种量为 0.8～1.2 千克。

（3）苗床准备　选择排水方便、背风向阳、邻近移栽大田的田块作为秧田，每亩大田需要秧田 7～10 米²。苗床宜南北走向，厢宽 1.4 米，长度随定（不超过 30 米）。沟宽 30～40 厘米，深 20 厘米，外围沟深 50 厘米，围埂厢面平实，厢面一般高出秧床 15～20 厘米。为使秧床板面平整，可先上水进行平整，落干后再铲高补低拍实，做到实、平、光、直。育秧方式以旱育水管较好。

（4）其他材料准备　采用软盘育秧时，应准备专用机插育秧软盘（58 厘米×28 厘米×2 厘米），每千克稻种播 16～18 盘。如采用双膜育秧时，地膜（厚 0.35 毫米以上）以 58 厘米或 28 厘米的倍数＋20 厘米为基准宽度，长度自定。底膜应打孔，孔径 2～3 毫米，孔距 2 厘米×3 厘米。如遇气候寒冷时应备用二层盖膜，也称三膜育秧法。

3. 种子处理

晒种 1～2 天，风选或水选后，将稻种浸入水中捞去上浮瘪壳，确保种子饱满均匀，发芽势强。用 15℃ 温水预浸 12 小时后，再用 2 克强氯精或咪鲜·吡虫啉杀菌剂兑水 2～2.5 千克浸种 1 千克，药液浸 12 小时后用清水洗净，继续用清水浸种 1 天直至吸足水分为止。将浸好的种子捞出并装入竹筐或透水透气的种子袋中保温催芽。催芽方式可采用恒温箱以及青草、温室等方式。待根长达稻谷长 1/3、芽长为稻谷长 1/5～1/4 时即可播种。催芽经过高温（35～38℃）破胸、适温（25～30℃）催芽、降温（4～6 小时）炼芽三个阶段，要求达到"快、齐、匀、壮"的基本要求。

（1）高温露白：先将种谷在 50～55℃ 温水中预热 5～10 分钟，再起水沥干，上堆密封保温，保持谷堆温度 35～38℃，15～18 小时后开始露白（破胸）。

（2）适温催根：露白后要经常翻堆散热，并淋温水，保持谷堆温度 30～35℃，促进齐根。

（3）播种前把芽谷在室内摊薄炼芽 24 小时左右，以增强芽谷播后对环境的适应性。遇低温寒潮不能播种时，可延长将芽谷摊薄时间，结合洒水，防止芽、根失水干枯，待天气转好时，抓住冷尾暖头，抢晴天播种。

4. 适期播种

根据茬口安排和栽插日期倒推 30 天左右确定播期，抓冷尾暖头，选晴天播种。为防止栽超龄秧，应间隔 5 天左右分批次播种。旱育秧一般播种期为连续 3 日平均温度稳定通过 10℃（湿润育秧 12℃）以上开始播种。播种包括铺盘、拌壮秧剂及铺土、洒水及浇敌克松、播种、盖土五道工序。关键是控制好底土厚度（2 厘米），浇足底土水（含苗床），浇施好敌克松。

软盘要相互紧靠（顺秧厢宽度方向摆放 2 个盘较好），软盘飞边重叠。每 100 千克装盘底土（每盘营养底土 3.5～4 千克）加入抛秧型壮秧剂 0.5 千克并充分拌匀后装盘。播种量一般为每盘 68～70 克芽谷（1 千克稻种播 16～18 盘），播种时要按盘称重，分次均播，力求均匀并播到边。播种后均匀撒上盖土，盖土以盖没种子为宜，不能过厚。盖土使用未培肥的过筛细土，严禁用拌有壮秧剂的营养土作盖土。盖土（应湿润）撒好后不可再洒水，以防止表土板结影响出苗。播种后盖土前，必须用 55% 以上含量的敌克松 600～700 倍液喷雾（每盘用敌克松 0.3～0.5 克，即兑即用），杀灭土壤病菌。

5. 秧苗管理

要点是强根壮苗。播种后及时封盖薄膜，用竹片搭拱，高 40 厘米左右，间距 50 厘米左右，平直、高宽一致（倒春寒严重地区可增盖 1 层内膜），覆盖后四周压严实。播种至出苗期，一般为棚膜密封阶段，以保温保湿为主，只有当膜内温度超过 35℃ 时才可揭开苗床两端通风降温。此时若床土发白应浇水保湿。齐苗至 1 叶 1 心期，以调温控湿为主，促根下扎，膜内温度保持在 25℃ 以内。齐苗过程中，若出现抬根顶土现象，应及时洒水消除。1 叶 1 心至 2 叶 1 心期，膜内温度在 20℃ 左右，气温稳定在 15℃，可逐步揭膜通风降湿炼苗（揭膜过快易造成青枯死苗）。同时，每盘用尿素 1～1.5 克，兑水 200 倍喷施"断奶肥"，并喷清水洗苗（水温相近，水质清洁），此时还可用 0.5 克 55% 以上含量的敌克松加水 600～800 倍均匀喷洒秧床防治立枯病（1.5～2.5 叶为立枯病高发期，应严格控水）。如遇寒潮雨天要及时盖膜挡雨护苗。

移栽前 4 天施送嫁肥，并控制床土水分（控水炼苗）。在 2.5～3.5 叶时应及时移栽。送嫁肥用量视叶色而定：叶色褪淡的脱肥苗，每盘用尿素 1.5 克兑水 200 倍于傍晚均匀喷洒或泼浇，施后并洒一次清水以防肥害烧苗；叶色正常、叶挺拔而不下披苗，每盘用尿素 0.4～0.6 克兑水 200 倍进行根外喷施；叶色浓绿且叶片下披苗，切勿施肥，应采取控水措施来提高苗质。起秧栽插前，雨前要盖膜遮雨，防止床土含水率过高而影响起秧和栽插。

低温来临前或寒潮过后，每盘用 0.4～0.5 克 55% 以上含量的敌克松兑成 800～1 000 倍液泼浇，防止烂秧死苗。长时间阴雨低温过后应及时地喷施壮秧宝防治立枯病发生。低温过后，秧苗抗逆能力较差，若过早施用化肥，会加速生长微弱的秧苗烂秧死苗。因此，应在低温过后 3～4 天再开展追肥、除草工作。

（二）水稻肥床旱育秧技术

旱育秧由于在成长过程中经常受到水分胁迫的影响，地上部表现出苗株矮、叶片短、分蘖旺；地下部扎根深而老健，分支根旺盛而根毛多，在深土层中形成庞大的根系网络；生理上表现有较强的抗寒性。因此，可以提早播种，延长生长期；可以密播，减少秧田面积；栽后生活力强，早生快发，可以稀植。

1. 苗床选择

选择地势高爽、排水方便、土质肥沃疏松、土壤偏酸性的稻田做苗床。在头年水稻收割后，立即翻耕碎土，最好播种油菜、苕子等作为绿肥，加速土壤熟化。同时按每平方米苗床需碎稻草 5 千克、畜粪 2～3 千克、过磷酸钙 150 克要求，集中用人粪尿拌和堆积，并覆盖薄膜，加速腐烂。待绿肥长成（油菜 6 叶以上时）将已腐烂的稻草开堆施于苗床上，再行翻耕，使草、肥、泥充分打散拌匀，成为既肥沃又松软的肥床。

2. 苗床准备

播种前 3～5 天，先将上述苗床土整碎整平，作成 1.7 米宽的畦，间以 0.3 米的沟；再把畦面整平，畦边做光。播前 1 天，施足基肥，按每平方米硫酸铵 100 克、过磷酸钙 150 克、氯化钾 40 克计，再使其与 10 厘米土层混合。然后浇透底水：播前浇 2 次；播后塌谷，再浇 1 次。浇水后即行盖土。播种密度按品种和计划移栽的叶龄而定：3 叶左右移栽的小苗，每平方米播谷 220 克；4.5～5.5 叶移栽的中苗，160

克；5.5～6.5 叶移栽的大苗，100 克。播好后，立即用打孔地膜平铺覆盖。

3. 苗床管理

覆膜期管理重点防高温。出苗至 1 叶 1 心期，膜内最高温度应控制在 35℃以内；1 叶 1 心至 2 叶 1 心，膜内温度控制在 30℃以下，否则要及时揭膜。揭膜后，除遇强冷空气过境需重新覆膜外，一般不再覆盖，早炼苗，促矮壮。揭膜后管理的重点是预防立枯病。一般在 1 叶 1 心期结合喷多效唑，每平方米加 1 克 20%甲基立枯灵或敌克松。同时，及早施用断奶肥，每平方米用尿素 20 克、过磷酸钙 40 克，兑水 3 千克，充分溶解后喷洒，施后再洒 1 次清水洗苗，以防肥害。

（三）水稻湿润育秧技术

1. 秧田准备

一般选择排灌方便、背风向阳、土质疏松、杂草少、肥力较高的冬闲田作秧田，秋冬耕翻晒垡（未做到的及时春耕晒垡），经过冬冻春融，使土壤熟化。

2. 整地与施肥

实行旱耕水整，基肥每亩使用量为耕前施复合肥 15 千克，耙前撒尿素 5 千克，整做秧厢（厢宽 1.3～1.7 米、厢沟宽 0.4 米、沟深 0.2 米、边沟深 0.25 米），利于排灌水，厢长不宜超过 20 米，以便于操作。秧畦要上平下松，通透性好，有利于根系生长。

3. 药剂浸种

用 25%施保克（咪鲜胺）乳油 1 500～2 000 倍液浸种 48 小时，可预防恶苗病等。

4. 保温催芽

催芽分为高温露白（破胸）、适温催芽和摊晾炼芽三个阶段。要求 3 天内催好芽，发芽率 85%以上，芽长整齐一致，幼芽粗壮，根芽长比例适当，颜色鲜白，气味清香。

5. 合理播种

湿润壮秧的秧龄一般 45 天，移栽叶龄 5 叶左右。秧田一般每亩播种量 15 千克，折合每平方米干谷 37.5 克；按谷芽比 1∶1.4 计，每平方米摊晾芽谷 55 克。播种时厢面湿润，按厢定量，均匀落谷，播后轻轻踏谷，有条件的踏谷后在厢面撒施一层稻草（壳）灰或干牛粪等深色物质，便于土壤吸热增温，提高秧厢温度，也可覆膜提温。

6. 肥水管理

（1）播种至第 2 叶抽出期，扎根立苗防烂芽，提高出苗率，采取湿润灌溉，保持沟中有水，厢面湿润而不建立水层。

（2）2～3 叶期及时补充氮素营养，争取低位分蘖。采取在 2 叶 1 心早施断奶肥，一般亩追尿素 5～8 千克，同时逐步实行浅水层灌溉。

（3）4 叶期至移栽促进分蘖，为提高秧苗移栽后的发根力和抗植伤力打好基础。一是看苗施分蘖肥，对地瘦、缺肥、苗弱分蘖慢的秧田施好分蘖肥，一般每亩施用尿素 4～6 千克；二是施好起身肥，移栽前 4～5 天对叶色褪淡的田块，一般每亩施用尿素 3～5 千克。

四、水稻大田移栽

（一）机插技术

为了确保稻鱼模式稻田机插水稻高产、稳产，水稻机插秧及移栽后大田管理要做到以下几点：

1. 移栽前准备

（1）田面平整，耕整后大田表层稍有泥浆，耕层松软，泥土下粗上细，细而不糊，有良好的透水透气性能。

（2）田间无杂草、稻茬、杂物，否则机器在前进过程中残茬杂物会将已插秧苗刮倒。

（3）地头整齐，无漏耕、无死角。

（4）适度沉实（栽清水秧）。沙质土沉实 1～2 天、砂壤土沉实 2～3 天、黏质土沉实 4～5 天机插。适宜机插与否，可用一手指在田面上划一沟痕来判断。若沟痕徐徐闭合，则适宜栽插；闭合过快需继续沉淀；不闭合则需重新平整后再沉淀。田表水层以呈现所谓"花花水"为宜，要严防深水烂泥、造成机插时壅水壅泥等现象。

稻田耕作时间宜选秋季，主要利于稻茬、残株、杂草的腐烂及土壤熟化，提高土壤肥力，防、除病虫害。

2. 栽插密度

稻鱼生态种养以稳粮增产为核心，为保证水稻产量，除了控制稻田鱼沟、鱼凼开挖面积以外水稻种植密度控制是关键，生产上密植是提高水稻产量的主要措施，但密度过大不宜鱼类进入稻田采食害虫、除草和松土。因此，稻鱼生态种养水稻种植密度应适宜。机插秧栽插规格：行距 30 厘米，株距 16～18 厘米，每亩穴数 1.8万穴，每穴苗数 1～3 株，每亩基本苗 3.6 万～5.4 万株。

3. 施肥及田间管理

新开挖稻鱼田，土壤肥力不足，可每亩施用有机肥或土杂肥 1 000 千克，含量45％的复合肥 30 千克，尿素 9～14 千克作为底肥。第二年耕作的稻鱼田可免施底肥，视情况可在秧苗移栽后追肥。

水稻插秧后因秧苗较小，要精心抓好田间管理，做到三分种七分管，一般插秧后待土壤沉实、秧苗稳定后开始灌水，防止飘秧淤心。晴天光照强、温度高要及早灌水，阴天可适当推迟灌水，前期田间做到小水漫灌。为了确保机插秧活棵快、早分蘖、多分蘖、成大穗，根据稻鱼田间实际生长情况，水稻施肥管理参考以下四个阶段进行：

第一阶段：栽插前，保障秧苗移栽后养分充足，每亩稻田可用45％的复合肥30千克，尿素10千克。

第二阶段：栽插后5～7天，确保秧苗移栽后返青快，促进早分蘖，每亩稻田可用尿素5～8千克。

第三阶段：栽插后15天，根据地力、秧苗生长情况，每亩稻田可补施尿素2～5千克。

第四阶段：水稻拔节孕穗期，每亩稻田可施尿素3～5千克，90％氯钾肥3～5千克。

（二）旱育秧大田栽培

旱育秧苗的内在素质及移栽到大田后器官建成的生育特点、产量形成特点与湿润薄膜育秧不同，它具有成穗率高、总颖花量高及单株生产力高等特点。因此，大田在基本苗、株行距及肥水管理方面作相应调整，才能充分发挥旱育秧的分蘖优势和大穗优势，从而获得高产。

1. 移栽最适时期

最适移栽叶龄是指适合于移栽的下限与上限叶龄之间的范围。关于移栽秧龄，根据出叶与发根的同伸规则推出，5叶期的秧苗具备第二节为主的发根节位和第一、第三两个辅助发根节位，且功能叶中有较多的淀粉积累，因此有较强的发根能力和抗枝伤能力，此时秧苗也有一定的高度，所以通常把5叶期作为各类品种移栽的起始叶期。实际生产中，移栽的起始叶期并不是非常严格的，只要移栽后的环境条件适宜幼苗生长都可以移栽，只要栽培措施得当，同样可以达到高产。

2. 栽插密度

在土壤肥力高、生产条件较好的稻鱼田，建议采用宽行窄株、东西行向的栽培模式，既保证水稻种植数量，又为田鱼活动提供场所。具体方法为：以宽25米、长40米、总面积1.5亩的试验稻田为例，水稻种植以4株为1行，株距18厘米，行距40厘米，两边距田边28厘米，每块田植26行，每行植800株，共计植20 800株，平均密度每亩植约13 800株。每株植2苗，见图2-17。

在土壤贫瘠、生产条件较差的稻鱼田，一般采用等行密植栽培，因为这样能够使前中期群体能得到较为平衡的生长，充分利用温光水肥资源，减少株间竞争消耗，最后以穗多取胜。密植栽培可保证水稻产量，但为了为田鱼提供活动空间，株距和行距较单一种植水稻大。具体方法为：以宽25米、长40米、总面积1.5亩的试验稻田为例，水稻种植株距和行距均为20厘米，每块田植125行，每行植200株，共计植25 000株，平均密度每亩植约16 000株。每株植2苗，见图2-17。

重庆由于光照较低，一般不建议采用均匀稀植，不仅会降低水稻产量，同时还会由于水稻量少对养殖水质的有效氮、磷吸收效果不佳，养殖废水达不到绿色排放标准，不能体现出生态种养的意义。

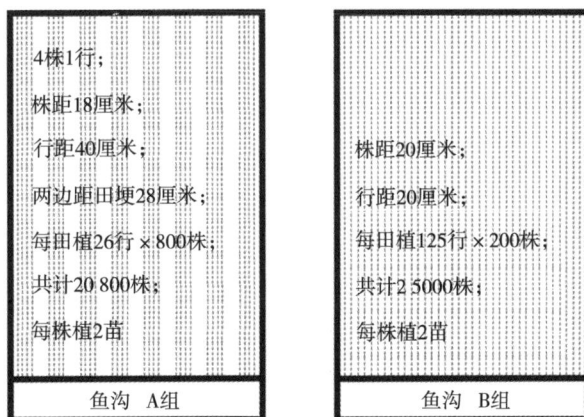

图 2-17 稻鱼生态种养模式水稻种植密度模式

3. 施肥及田间管理

旱育秧施肥策略大致有两种：一种是"前期促发"，另一种是"前期促稳"。

基分蘖肥：由于旱育秧具有发根和分蘖早发的特点，减少基分蘖肥的用量，增加后期穗粒肥有利增产。根据稻鱼田具体肥力情况，每亩稻田可用尿素 5～8 千克。

穗肥：根据出叶情况，穗肥施用时期在抽穗倒数 2.5 叶和余数 1.2～1.5 叶时分别追施，一般用量为每亩稻田尿素 3～5 千克。

旱育秧的管水技术：从移栽到栽后 1 叶龄期，栽秧后及时灌水层，保持稻体内水分平衡。栽后 1 叶龄期到有效分蘖临界叶龄期，要求田间土壤持水量在 70% 左右才有利于分蘖，此阶段浇灌水的方法是田间灌一次水，保持 3～5 天水层，以后自然落干，待田面无明水时再灌水。有效分蘖临界叶龄期至倒 3 叶期，此阶段主要以搁田为主，一般搁田时间在有效分蘖临界叶龄期前 1 叶龄期至倒 3 叶期结束。倒 3 叶期至抽穗期，此阶段在搁好田的基础上要求促进上层根的发生，增强根系活力，增加叶片光合生产量，因此在管水上采取"间歇灌溉"的原则，即田间上一次水保持 2～3 天后自然落干，然后不立即灌水，而让稻田土壤通透 2～3 天后再灌水。抽穗至成熟阶段，一般采用浅水灌溉，在抽穗后 20 天水稻进入黄熟时可开始采用湿润灌溉法自然落干。

（三）水稻湿润薄膜育秧栽培

1. 精细整田、适龄移栽

精细整田要求达到田平泥化的标准，秧龄 40～45 天，原则上不宜超过 50 天，当天拔当天栽，切忌秧根被晒。

2. 合理密植、薄水浅插

适当密度和增加基本苗是夺取高产的关键，决定基本苗多少的主要因素及原则：肥力高的田块可适当稀植，贫瘠的土壤可适当密植。生长期长、分蘖性强及重穗型的品种可适当稀植，反之则密植。对低产田改造，可采用增加基本苗，提高成穗率，以穗数取胜。对高产田块，可按照"小群体、壮个体、高积累"的栽培法进行，以穗重取胜。移栽叶龄小的其大田分蘖生长期长，可适当稀植、降低基本苗，而大苗移栽则应插足基本苗。移栽株行距为 16 厘米×25 厘米（按以上规格调整），亩栽 1.5 万窝左右，每窝 2～3 苗。南北向行、浅水浅栽、栽清水秧，充分利用低节位分蘖，使其早生快发，争取大穗多粒。

3. 合理施肥、科学管水

根据田块实际肥力情况，大田施肥以农家肥、有机肥为主，复合肥配合使用。一般每亩大田施肥总量：尿素 20～30 千克，90%氯钾肥 2～4 千克。底肥：栽插前视具体肥力每亩稻鱼田可用尿素 3～5 千克。分蘖肥（栽插后 5～7 天）：每亩稻鱼田可用尿素 5～8 千克。穗肥（栽插后 40～45 天）：每亩稻鱼田可用尿素 5～8 千克，90%氯钾肥 2～4 千克。

大田按水稻生长需水特性进行科学管水，浅水栽秧，薄水分蘖，苗够晒田，寸水促穗，湿润壮籽。

五、水稻主要病害防控

目前，稻鱼生态种养模式水稻主要以虫害为主，常见的有稻飞虱、稻纵卷叶螟和水稻螟虫。稻鱼生态种养模式水稻发生虫害后，一般采用停食和加高水位来促进鱼类进入田面采食害虫达到虫害防控的目的。下面分别介绍常见害虫的形态特征和发生规律。

（一）稻飞虱

1. 形态特征

稻飞虱常见的主要有褐飞虱和白背飞虱 2 种，稻飞虱成虫均有长翅型和短翅型。褐飞虱长翅型成虫体长 4～5 毫米，黄褐、黑褐色，有油状光泽，颜面部有 3 条凸起的纵脊，中脊不间断。雌虫腹部较长，末端呈圆锥形；雄虫腹部较短而瘦，末端近似喇叭筒状。短翅型成虫翅短。卵产于稻株叶鞘组织中，卵帽外露，2～3 至 20 粒为一卵块；卵块中卵粒前端单行排列，后端挤成双行，卵粒细长，微弯曲。若虫有 5 个龄期，形均似成虫。1 龄灰白色；2 龄淡黄色，无翅芽，后胸后缘平直，腹背面中央均有一淡色粗 T 形斑纹；3 龄体褐至黑褐色，翅芽显现，第 3 节背上出现一对白色蜡粉的三角形斑纹，似 2 条白色横线；4～5 龄体斑纹均似 3 龄，但体型增大，斑纹更明显。

白背飞虱长翅型成虫体长 4～5 毫米，灰黄色，头顶较狭，突出在复眼前方，颜面部有 3 条凸起纵脊，脊色淡、沟色深，黑白分明，胸背小盾板中央长有五角形的白色或蓝白色斑；雌虫两侧为暗褐色或灰褐色，雄虫则为黑色，并在前端相连，翅半透明，两翅会合线中央有一黑斑。短翅型雌虫体长约 4 毫米，灰黄色至淡黄色，翅短，仅及腹部的一半。卵尖辣椒形，细瘦，微弯曲，长约 0.8 毫米，出产时乳白色，后变淡黄色，并出现 2 个红色眼点。卵产于叶鞘中肋等处组织中，卵粒单行排列成块，卵帽不外露。若虫近梭形，长约 2.7 毫米，初孵时乳白色，有灰斑，后呈淡黄色，体背有灰褐色或灰青色斑纹。

2. 危害特征

稻飞虱成虫、若虫多群聚在水稻中下部的叶鞘和茎秆上取食和产卵，以针状的刺吸式口器插入水稻植株中吸食汁液，受害稻株茎秆上出现很多黑色或褐色斑点，叶尖褪绿变黄（图 2-18）。严重时，稻株基部变黑、枯死、倒伏，呈现"通火"惨状（图 2-19），甚至大片枯死。

图 2-18 稻飞虱

图 2-19 稻飞虱田间危害情况

3. 发生规律

在水稻生长前中期发生，与稻纵卷叶螟发生的时间接近，在防治稻纵卷叶螟的同时可得到控制。褐飞虱某些年份在水稻生长中后期造成严重危害，该虫有群集为害的习性，成虫、幼虫吸食稻丛下部汁液，同时排出大量含糖类有毒黏液，使稻丛基部变黑，叶片发黄干枯。成虫趋光性强，稻飞虱卵产于叶鞘、茎秆的组织内，卵长 0.8mm 左右，香蕉形，排列成串，初产乳白色，后渐变为黄褐色。稻飞虱幼虫近椭圆形，形态与成虫相似。褐飞虱幼虫为褐色，白背飞虱幼虫为灰白色。稻飞虱喜温暖高湿的气候条件，在相对湿度 80% 以上，气温 20～30℃时生长发育良好，尤其以 26～28℃最为适宜；温度过高、过低及湿度过低，不利于其生长发育，尤以高温、干旱影响更大，故夏季多雨、盛夏不热、晚秋暖和则有利于稻飞虱发生危害。栽培上施肥不当，氮肥施用过多、过迟或偏施，造成稻株生长过于嫩绿，后期贪青徒长，田间郁闭，水稻插植密度过高，丛间小气候高湿、阴凉，以及稻田长期积水等，均有利于其发生和繁殖。适时、适度烤搁田，可抑制其发生。

（二）稻苞虫

1. 形态特征

稻苞虫别名稻弄蝶、苞叶虫、结苞虫。稻苞虫体长 17～19 毫米，体和翅黑褐色，有金黄色光泽。头胸部比腹部宽，略带绿色。雄蝶中室端 2 个斑大小基本一致，而雌蝶上方 1 个长且大、下方 1 个多退化成小点或消失。

2. 危害特征

稻苞虫危害水稻，一般可致水稻减产 5%～10%，严重的损失 30% 以上。以其幼虫吐丝卷叶作苞（图 2-20），躲藏其中，取食叶片，被害稻叶呈缺刻。严重的叶片全被吃光，严重发生时，可将全田甚至成片稻田的稻叶吃光，对水稻产量影响很大。

3. 发生规律

主要危害水稻的为直纹稻苞虫，局部地区间歇性严重发生。通常在避风向阳田边、沟边、塘边及湖泊浅滩、低湿草地等处的李氏禾及其他禾本科杂草上越冬，或在晚稻禾丛间或再生稻下部根丛间、茭白叶鞘间越冬。成虫昼出夜伏，白天常在各种花上吸蜜，卵散产在稻叶上，一般在山区稻田和新稻区危害较重。重庆地区一季种稻区，稻苞虫的主要危害时期为 6 月下旬到 7 月，尤其对山区中稻危害较重。平坝地区一季晚稻区常会遭受较大面积的危害。

（三）水稻螟虫

水稻螟虫俗称钻心虫，其中普遍发生较严重的主要是二化螟和三化螟，其次为大螟等。二化螟除危害水稻外还危害玉米、小麦等禾本科作物；三化螟为单食性害虫，只危害水稻。

1. 形态特征

二化螟雌蛾翅展 23～26 毫米，体灰褐色，前翅灰黄色，略呈长方形，沿外缘有 7 个小黑点，后翅白色，略呈三角形。雄蛾翅展 21～23 毫米，前翅中央有一黑斑，黑斑下面还有三个不明显的小黑斑，翅色和体色都比雌蛾深。

2. 危害特征

水稻孕穗期稻三化螟虫咬食嫩穗粒，抽穗后再蛀入上部茎节造成白穗。一般情

图 2-20 水稻稻苞虫

况下，蚁螟从孵化出来到蛀入茎秆内只需 20～30 分钟的时间。环境条件不利时，蚁螟会大量死亡。水稻在分蘖期和孕穗期最易被蚁螟蛀入，受害最重。圆秆和齐穗后组织器官较坚硬，蚁螟不易蛀入。稻二化螟主要危害分蘖期水稻，造成枯鞘和枯心苗。危害孕穗、抽穗期水稻，造成枯孕穗和白穗。危害灌浆、乳熟期水稻，造成半枯穗和虫伤株（图 2-21）。

图 2-21 水稻螟虫

3. 发生规律

气候、温度、湿度、雨量、光照等自然条件，除直接影响稻螟的发生期、发生量和危害程度外，同时影响水稻发育及天敌的活动等，从而对稻螟产生间接影响。特别明显的是春季温度回升快，稻螟发生期提前；越冬幼虫临近化蛹期间雨水多的年份，自然死亡率较高。水稻的分蘖期，孕穗到抽穗期，特别是孕穗末期到抽穗初期，是水稻最易遭受螟虫害的危险生育期。凡是螟卵盛卵期与水稻危险生育期相吻合，螟虫发生危害就严重。凡栽培制度复杂、混栽程度高，品种迟早不一，则稻螟食料丰富，有利于其生育及繁殖，发生量较大，危害重。稻螟的天敌很多，卵期有赤眼蜂、黑卵蜂；幼虫的寄生性天敌属有小茧蜂、病原真菌、细菌及线虫等，对螟虫有很大的抑制作用。

重庆地区常见的水稻病害还有稻瘟病、负泥虫，山区晚稻常见的稻秆前叶病，以及秧苗期由于倒春寒引起的冷害、纹枯病、缺肥等问题。总的来说，重庆地区5月中下旬（山区6月初），及时防治二化螟。7月上、中旬防治水稻二化螟。6月下旬至7月上旬（水稻圆秆孕穗期），应注意防治纹枯病。7月上旬开始，多雨闷热天气应注意检查防治稻飞虱和水稻螟虫。

六、水稻收割

水稻收割前10～15天排水干田，便于收割机收割，切忌田面带水收割，容易误伤到田鱼。水稻收割后的稻草不能留在稻田，腐烂后会引起鱼类死亡，可集中放在田埂上，便于田埂加固。

水稻收割后蓄水溢过田面30厘米以上。此时每亩投放500～600克/尾规格的草鱼30～40尾，用于清除稻田中的杂草，为翌年稻田控草做准备。

稻鱼高产田，随鱼的产量提高，鱼的种群加大，鱼的排泄物明显增多，当鱼的产量在150千克/亩以上时，三年连续养鱼，稻田的营养物的积累就足够水稻生长发育的需要，可以不再施肥。在品种选择上，可选择高产耐肥的良种，否则常因营养生长过旺，影响水稻产量。因此，稻鱼田以2～3年为周期，种植一次小春作物（如"稻＋鱼＋油""稻＋鱼＋萝卜""稻＋鱼＋青菜"等模式），改善土壤的理化特性，或者冬季放干晒田，分解过多的氮素营养。

（一）水稻加工

收割稻谷建议使用烘干机烘干，以获得适宜的湿度便于加工后获得较好的大米。

（二）稻鱼米包装材料

（1）真空包装盒米砖模具　亚力克材质，带撑袋杆。

（2）大米砖打包压缩封口机　220伏，2.0双泵，双封口条。

（3）米砖真空袋　与真空包装盒米砖模具配套的尺寸。

第四节　稻田鱼养殖技术

稻田具有良好的生态环境，作为种养结合模式，适宜的养殖密度不需要额外增加增氧机和投放动保产品，可实现生态种养。一般以池塘养殖总产量的10％作为稻田额定养殖密度，鲤、鲫养殖产量为 150 千克/亩，黄颡鱼为 100 千克/亩，罗非鱼为 200 千克/亩。由于重庆地区光照较弱，积温较低，鱼类适宜的生长时间多为 4—10 月，适宜生长时间相对较短。为了实现当年稻鱼双收，生产上需要搭配合理的品种，适当增加鱼种规格，加强饵料饲养管理。在额定产量的基础上增加养殖量还需要考虑是否增加增氧机，保证溶解氧充足，同时增加日投饵量并做好稻田水位管理。

一、养殖品种

重庆稻鱼生态种养模式主养品种以杂食性为主，辅以肉食性和草食性水产动物。主养品种为鲤、鲫、罗非鱼、黄颡鱼等大宗水产品种。鲤品种有乌克兰鳞鲤、四鼻须鲤等；鲫品种有黄金鲫、方正鲫等；罗非鱼品种有吉富罗非鱼、莫桑比克罗非鱼等。

（一）鲤品种

1. 建鲤

建鲤是以荷包红鲤和元江鲤杂交组合的后代作为育种的基础群，选育出 F_4 长型品系鲤鱼，F_4 长型品系与两个原始亲本相同、选择指标一致的雌核发育系相结合，并进行横交固定的子一代鲤鱼品种。建鲤经过 6 代定向选育后，遗传性状稳定，能自繁自育，不需要杂交制种。生产速度快，食性广，抗逆性强。体型匀称，为比例适中的长体型。体色为青灰色，可当年养殖成商品鱼。

2. 津新鲤 2 号

津新鲤 2 号（图 2-22）是异精交配的品种，断绝了近亲血缘，种质不退化。该品种抗病能力强，性情温和，家化性强，不善跳动，好饲养。津新鲤 2 号具有抗寒能力强、繁殖力高、生长速度快和起捕率高等优点，可当年养殖成商品鱼。该品种耐运输，无应激反应，不掉鳞，营养丰富。

图 2-22　津新鲤 2 号（引自天津市换新水产良种场）

3. 德国镜鲤选育系

德国镜鲤选育系是在引进的德国镜鲤原种的基础上，采用混合选育和家系选育的方法，历时十年余选育出的新品种。选育出的 F_4 比原种 F_1 生长快，抗病力提高，池塘饲养成活率高，抗寒力比原种高，已形成一个遗传稳定和优良的池塘养殖品种。该选育系已推广到黑龙江、吉林、辽宁、内蒙古和新疆等省（自治区），增产增收效益十分显著。

4. 乌克兰鳞鲤

乌克兰鳞鲤（图 2-23）为 1998 年从俄罗斯引进后经选育的养殖品种。体形为纺锤形，略长，体色青灰色，头较小，出肉率高。该品种 3～4 龄性成熟，水温 16℃ 以上即可繁殖生产，怀卵量小，有利于生长。适温性强，生存水温 0～30℃。食性杂、生长快、耐低氧、易驯化、易起捕，适宜在池塘养殖。2 龄鱼在常规放养密度下，平均体重达1.5～2 千克。

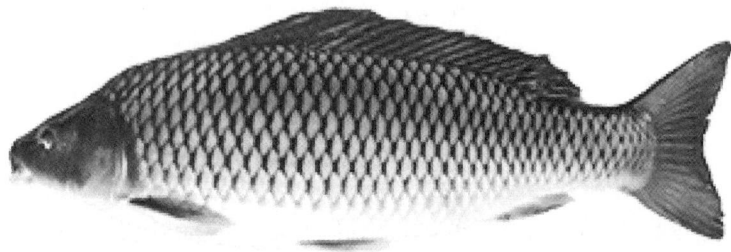

图 2-23　乌克兰鳞鲤（引自天津市换新水产良种场）

（二）鲫品种

1. 异育银鲫"中科 5 号"

利用银鲫独特的异精雌核生殖，辅以授精后的冷休克处理以整合入更多异源父本染色体或者染色体片段，筛选获得有团头鲂父本遗传信息、性状发生明显改变的个体作为育种核心群体，以生长优势和隆背性状为选育指标，用兴国红鲤精子刺激进行 10 代雌核生殖扩群，培育出新品种异育银鲫"中科 5 号"。

背高而侧扁。鱼体背部较厚，呈灰黑色。头小，吻短钝，口端位，口裂斜，唇较厚，口角无须，下颌部至胸鳍基部呈平缓弧形。头顶往后、背部前段有一轻微隆起。鼻孔距眼较距吻端为近。眼较大，侧上位。背鳍基部长，鳍缘平直，最后 1 根硬刺粗大，后缘有锯齿。背鳍起点与腹鳍起点相对。胸鳍不达腹鳍。腹鳍不达臀鳍。臀鳍基短，第 3 根硬刺粗大有锯齿。尾鳍叉形。体被大圆鳞，鳞片后缘颜色较深，使鱼体呈灰黑色。侧线完全，略弯。背鳍鳍式为 D. Ⅳ～17～20，臀鳍鳍式为 A. Ⅲ～5，侧线鳞 30～33。

2. 黄金鲫

黄金鲫（图 2-24）是从中国水产科学研究院黑龙江水产研究所引进并经 3 代选育的框鳞镜鲤为母本、从湖南引进并经 5 代选育的红鲫为父本，采用远缘杂交技术获得的鲤鲫杂种一代。与彭泽鲫三年的生长对比试验和两年的池塘养殖试验表明，该杂交组合杂种优势明显，具有生长快、适应性强、食性杂、病害少、含肉率高等优点，成为全国推广养殖应用的优良品种。黄金鲫体形粗短如鲫，体色金黄，头小呈三角形，体高背厚、全身披鳞、生长快，生长速度比普通鲫快2～3倍，可当年养成商品鱼，从水花下塘养到当年秋末出池，尾均重达到400克以上，亩产量达到1 500千克左右；二年养成商品鱼亩产量可以达2 000千克，抗寒能力强，越冬成活率在重庆市及东北地区均达到98％以上。黄金鲫是属间杂交一代优势利用，对缩短养殖周期、提高池塘利用率、提高亩产量和养殖效益有重要的作用。黄金鲫雌雄不育，不会与亲本或其他鱼类杂交，不会对养殖水域和生态环境造成危害，适合在内陆水域、水体中养殖。

图2-24　黄金鲫

3. 湘云鲫2号

湘云鲫2号体侧扁，口端位，呈弧形，体被圆鳞，背部青灰色，腹部浅黄色，尾鳍灰色。整个鱼体体色光亮，在外形上接近野生鲫，具有体长尾短、头小、背部高而厚、腹部小的特点，大大提高了含肉率。湘云鲫2号生长速度快，1龄鱼每尾可长到500～600克，2龄鱼每尾可长到1～2千克。湘云鲫2号抗逆性强，便于运输，且对恶劣的自然环境具有较高的适应能力：一是耐低氧能力强。在缺氧情况下，能够长时间浮头用嘴呼吸而不易发生缺氧死亡的情况。二是在池塘、湖泊或其他水域的推广养殖中，均没有发生因疾病而大量死亡的现象。三是抗低温能力强。在冬春季温度较低的情况下仍然保持生长。

（三）罗非鱼

罗非鱼类，属脊椎动物门、硬骨鱼纲、鲈形目、丽鱼科，原产于非洲，约有100多种。罗非鱼属广盐性鱼类，在海水淡水中皆可生存；能耐低氧，一般栖息于水的下层，但会随水温变化或鱼体大小改变栖息水层。因其外形、个体大小均类似鲫，鳍条多棘如鳜，又被称为"非洲鲫"。国内主要养殖品种为吉富罗非鱼，常见品种有"新吉富""壮罗1号""中威1号"等。

（四）黄颡鱼

黄颡鱼属于鲇形目、鲿科、黄颡鱼属，民间俗称黄辣丁、黄鸭叫、黄骨鱼、黄嘎等，是广泛分布于我国江河湖泊以及水库等天然水域的一种小型底栖杂食性鱼类。背鳍条Ⅱ～6～7；臀鳍条16～20；胸鳍条Ⅰ～7～9；腹鳍条6～7。鳃耙13～16。体长为体高的3.1～4倍，为头长的3.6～4.5倍，为尾柄长的6.2～7倍，为前背长的2.5～2.6倍。头长为吻长的2.9～3.2倍，为眼径的2.9～3.8倍，为眼间距的2.1～2.6倍，为头宽的1.3～1.4倍，为口裂宽的2～2.2倍。尾柄长为尾柄高的1.1～2倍。养殖品种主要包括普通黄颡鱼、"全雄2号"和杂交黄颡鱼"黄优1号"。

以上为重庆地区常见主养鱼类品种。此外，稻田养殖鱼类的品种还有长吻鮠"川江1号"、胭脂鱼、鳜、马口鱼等。

二、投放时间

稻田养殖水产动物苗种投放时间没有强制性约束，在鱼沟、鱼凼开挖完成后，蓄水即可投放水产动物苗种，一般在4月中旬至5月中旬。放鱼前采用5%食盐水浸泡消毒8～10分钟。

三、投放规格与数量

为了实现当年水稻、田鱼双丰收，要求投放大规格鱼种，每亩稻田鱼产量按照100～150千克为宜，各养殖品种规格及投放数量见表2-5。

表2-5　稻田养殖品种投放规格与数量

序号	品种	规格	数量（尾/亩）
1	鲤	0.25千克/尾以上	80～120
2	罗非鱼	7～9克/尾以上	150～200
3	黄颡鱼	1.8～2克/尾以上	1 200～1 500
4	鲫	0.2千克/尾以上	180～220
5	草鱼	0.5千克/尾以上	30～50

四、饲养管理

饲养以商品配合饲料为主要辅助饵料。水稻开花前加强投喂配合饲料，增加鱼类生长速率。水稻开花后，稻田中天然饵料增加，降低日投饵量，使鱼类捕食田间天然饵料，增加鱼类口感和肌肉品质（图2-25）。饵料投喂按照"四定原则"。

（一）定时

鱼种投放后即可投喂饵料，直到水稻开花后停止投喂。每天投喂早、中、晚3次。

（二）定量

6月中旬前日投饵量6%～8%，7月中旬前日投饵量5%，水稻开花后日投饵量降到3%。蓄水后的稻田刚投放苗种前3～5天可能田鱼不吃饲料，属正常现象，主要是田鱼此时优先采食稻田中的浮游生物、水生昆虫等天然饵料。

定时	定量	定点	定质
每天2~4次	日投饵量6%~8%	诱鱼集中抢食	定期适量购进饲料

投放田鱼 ●　加强投喂　● 辅助投喂 ● 水稻收割

水稻开花

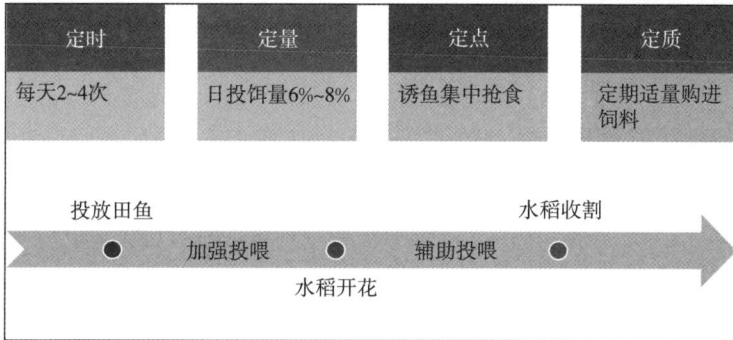

图 2-25　重庆稻鱼生态种养饵料管理

（三）定点

每个稻田饵料投喂地点固定，投喂前采用敲打或口哨声吸引田鱼集群抢食，田鱼抢食效果越好，生长速度越快，体质越好。

（四）定质

保证投喂饵料的质量是保证鱼类健康生长的前提。不投喂霉变、腐烂、变质的饵料，一般 5 月开始饲料购进量按 20 天计算，防止天气炎热影响饲料品质。

五、田鱼收获

田鱼收获以集中抬网捕捞为主，剩余部分排水清田，集中转入暂养稻田饲养。田鱼建议暂养在稻田水体和清水过滤池中，不能在鱼池中暂养，以免影响田鱼品质和口感。

（一）捕捞材料

（1）拉网　加厚尼龙材质，规格为 1~3 毫米网目，高 2 米，长 10 米。

（2）捆箱　加厚尼龙材质，规格为 1 毫米网目，长 2 米，宽 2 米，深 1.5 米。

（3）抄网　不锈钢框，尼龙网材质，网深 50 厘米，网眼 2 厘米。

（二）运输与包装材料

（1）充电两用充气泵　220 伏，功率 30 瓦以上。

（2）塑料方形水箱　容积 30 升以上，带翻盖。

（3）脚踏封口机　塑料袋薄膜封口机。

（4）充气枪　带弹簧管。

（5）活鱼打包手提袋　尺寸依实际需求购买。

（6）氧气罐　一般到当地氧气站租赁，也可自行购买。

第五节　稻田鳅养殖技术

一、泥鳅生物学特性

（一）泥鳅的生活习性

（1）栖息　多栖息于池塘、沟壑、湖泊、稻田浅水域的底层，有钻入泥中的习惯，喜中性和偏碱性的黏性土壤。

（2）呼吸　泥鳅不仅能用鳃呼吸，还具有皮肤和肠呼吸功能，当水中溶氧量不足时常浮到水面直接吞入空气。因此，泥鳅对缺氧的承受力很强。

（3）适温　生长适温为15～30℃，最适水温为22～28℃，34℃以上、10℃以下泥鳅钻入泥中越夏、越冬。

（4）感觉　泥鳅眼退化变小，须极其发达，其尖端有能辨别微弱化学分子的味蕾，是觅食"探测器"。

（二）泥鳅的摄食特点

（1）食性　杂食性，采食小型动物、植物、微生物及有机碎屑等，包括轮虫、水蚤、枝角类、桡足类、水蚯蚓等浮游动物和底栖动物，以及藻类、杂草、嫩叶、植物碎屑、水底泥中的腐殖质等。

（2）摄食　泥鳅白天大多潜伏，在傍晚到半夜间出来觅食。在人工养殖时经驯养也可改为白天摄食。

（三）后期苗种的发育特点

（1）生长发育特点　在孵出之后的半个月内尚不能进行肠呼吸，该阶段如同家鱼发塘期间，必须保证池塘水中有充足的溶解氧，否则极有可能在一夜之间因泛池而死亡。半个月之后，鳅苗的肠呼吸功能逐渐增强，一般在1.5～2.0厘米体长时，才逐步转为兼营肠呼吸，但肠呼吸功能还未达到生理健全程度，这时投饵仍不能太多，饵料蛋白质含量不宜太高，否则因消化不全会产生有害气体，妨碍肠呼吸。

（2）苗种阶段食性特点　在幼苗阶段（5厘米以内），主要摄食浮游动物，如轮虫、原生动物、枝角类和桡足类。当体长5～8厘米时，逐渐转向杂食性，主要摄食甲壳类、摇蚊幼虫、水蚯蚓、水陆生昆虫及其幼虫、幼螺、蚯蚓等，同时还摄食丝状藻、硅藻、植物碎片及种子。人工养殖中的泥鳅苗种摄食粉状饵料、农副产品、畜禽产品下脚料和各种配合饵料等，还可摄食各种微生物、植物嫩芽等。

二、田间工程

（一）田块选择

选择水源清新无污染、水量充足、排灌方便、田埂坚实不漏水、能保持一定水位的较低洼稻田。

（二）开挖鱼沟

依田块大小和形状情况开挖"一"字沟或鱼凼，保证田块工整，便于机械化操作。同时，在保持开挖面积不超过稻田总面积10%的前提下尽可能开挖加宽、加深沟凼，增加蓄水量，防止干旱。设置底排水和溢水口，底排水管内侧PVC管密封后人工钻1毫米孔，用1毫米孔径不锈钢穿孔板作拦鱼网，防止泥鳅逃跑，同时防止洪水溢田致泥鳅逃跑。

（三）防逃防敌害设施

（1）地膜 全部田埂铺设防渗膜，在内侧田埂上开一个底宽 50 厘米、长 50 厘米的口，把膜压在开口的底部覆盖住。覆盖的时候按内高外低向沟倾斜 15°，便于降低水位时泥鳅从田里游入鱼沟。

（2）拦鱼网 稻田进水口用纱绢做网袋防野杂鱼和敌害水生动物进入稻田，稻田溢水口用 1 厘米孔径不锈钢穿孔板做拦鱼网，防泥鳅逃跑。

（3）防鸟设施 用尼龙防鸟网覆盖鱼沟、鱼凼投喂饵料处，条件允许情况下可增加覆盖面积。田埂或田面依鸟害情况设置驱鸟带。

三、苗种投放

4 月中下旬开始，本地泥鳅苗种陆续上市，选择本地市场适销、体质健壮、活力好的泥鳅苗，规格为 300 尾/千克，放养密度为 10 千克/亩，放养前用 5% 食盐水浸泡消毒 10 分钟。

四、饲养管理

（一）水质管理

鳅苗放养后，稻田水深保持在 5 厘米以上。养殖中期正值高温季节，田水深度应保持在 10 厘米以上。养殖期间一般无需换水，水位降低时可适量加水，避免因大换水引起泥鳅的剧烈游动而互相擦伤，造成伤口感染发病。

（二）饵料管理

稻田养鳅要想取得高产，应加强日常投饲。养殖前期按鱼体重的 1.0%～1.5% 投饲，中期投饲量为鱼体重的 3%，后期为 3%～5%。主要投喂植物性饵料，如麦麸、米糠等，也可直接投喂泥鳅专用饲料。投饲一般在傍晚进行，一次投足，气候适宜可日投 2～3 次，阴天和气压低的雨天应少投或不投。

五、捕捞方式

水稻收割前先将田面水快速降至 5 厘米左右时再缓慢排水，坑内水位保持在 50～70 厘米，待田面晾干后收获稻谷。10 月初开始用地笼陆续起捕上市，也可在稻田的进水口缓慢进水，在出水口设置好接泥鳅的网箱，打开出水口让泥鳅随水流慢慢进入网箱。或者排干稻田中的水，使泥鳅集中到沟坑中捕捞。

第六节　稻鱼品牌打造

一、稻鱼产品

（一）稻鱼米

稻鱼米生产期全程不施用化肥和农药，严格按照有机食品生产要求进行管理，使米的口感和品质全面提升。经食品药品检测所检测，"稻鱼米"无机砷、铅、镉和草甘膦等检测项目检测结果均显著低于技术指标，检测结果为合格。稻鱼米符合绿色食品标准。

(二) 稻田鱼

"稻田鱼"由于辅助投喂配合饲料，生长速率快，田间开挖沟渠为鱼类提供了良好的捕食场所，田鱼口感和品质均较常规池塘养殖鱼类好。经食品药品检测所检测，"稻田鱼"重金属和农药残留等指标等均未检出，检测结果为合格，稻田鱼符合绿色食品标准。同时，稻田鱼相对池塘集约化养殖鱼类腥味更低，且鲜味更佳，综合品质更好。

二、稻鱼休闲体验项目

(一) 稻鱼主题节日

结合传统渔家文化，开发垂钓和摸鱼项目，为顾客提供传统的农业趣味体验。融合一、二、三产业，项目围绕稻鱼生态种养产业多元化发展，有效提高项目效益，同时结合当地传统习俗，开展"丰收节""摸鱼节"等活动。可设置开镰祭祀、开瓿仪式、非物质文化民俗等表演，以及摸鱼比赛、收稻谷比赛、田间拔河等竞赛项目。会场还可设置当地特色农产品展销与体验、直播带货等内容。

(二) 稻鱼农旅融合

稻鱼基地可引进彩色水稻，结合休闲养生文化和渔家文化绘制稻田图案，待水稻分蘖成株后，可吸引游客来项目基地观光，同时配套农家乐、摸鱼、垂钓等旅游项目。当年水稻收割完成后播撒油菜籽，第二年开春后可形成成片的油菜花，亦可吸引大量游客来基地观光，四季均有游客前来消费，实现农旅融合。

三、市场营销

(一) 营销方式

(1) 线下实体店销售　"稻鱼米"和"稻田鱼"均以线下销售为主，"稻田鱼"可通过直营店进行打包销售或者餐厅堂食销售。

(2) 线上销售　"稻鱼米"通过各大电商平台进行销售，鲜活田鱼可通过朋友圈进行推介销售。

(3) "稻鱼＋私人订制"　消费者出钱认领稻田进行稻鱼种养生产，1亩起认领，按照预期产量，年底可收获水稻和鱼，通过物联网监控技术，消费者可通过APP实现全程全实况对稻田生产进行监控与管理，实现线上线下农业体验，增加稻田附加值。

(二) 前期推广

(1) 稻鱼产品定位中高端，通过创立自己的品牌，注册品牌商标，提升知名度。

（2）与高档餐厅、养生类餐饮业、汽车4S店、楼盘销售中心等门店对接构成合作供销模式，并签订协议，长期供销。

（3）与地方各农产品销售店合作，建立实体经营店对外展示和销售。

（4）在单位和企业推广礼品装产品，节假日购买稻鱼产品为员工发福利。签订销售合同，长期合作销售。

（5）同城网售，利用微商和网络平台，做到市区网络销售，扩大市场。

（6）展销宣传，在商场和广场等借助地方农特产品展销会进行宣传，加强前期产品的宣传推广。

（三）中期推广

（1）米和鱼的销售，将生产的"稻田鱼"和"稻鱼米"出售到当地及周边区域，为技术推广做铺垫。

（2）增加技术服务，通过稻鱼种养产业开发，形成一套集合种养技术支持、日常管理和产品营销为一体的稻鱼种养产业发展推广模式，优化稻田种养产品数量与质量，扩大产业种养面积，提升产业效益。

（3）推行会员消费策略，为消费者带来实惠，通过朋友圈口碑，从传单的方式逐步转为平面广告。例如，占领小区宣传栏、电梯内广告牌、地铁站等，通过平面广告等方式将"稻鱼米"和"稻田鱼"打造成区域特色品牌。

（4）结合网络平台消费，让人们通过软件选购"稻田鱼"和"稻鱼米"。同时，结合物联网技术，通过APP推广"稻鱼＋私人订制"。

（四）后期推广

（1）产品深加工，产品多样化，开办"稻田鱼"和"稻鱼米"加工基地，提升产品价值，增加销售模式。

（2）加大广告宣传的投入，如网络广告、电视广告、微视频宣传等。将产品宣传推广到全国，开发全国市场。

（3）开设乡村旅游，打造稻田艺术，拓展农业趣味体验活动。

（4）推广稻鱼生态种养模式，使更多养殖户从中受益。

（5）根据国家相关政策，全力打造生态绿色"稻田鱼"和"稻鱼米"，实现生态共赢，促进水稻稳产和水产品丰收。

第七节　稻鱼种养常见问题

一、水稻缺肥问题

新开挖的稻田，土壤肥力低，由于稻鱼生态种养模式没有施用基肥，刚种下的水稻有可能出现黄叶（图2-26），属正常现象，主要原因是缺肥。解决的方法主要有：增加稻田蓄水量至溢过田面15厘米以上；增加饵料投喂量10%左右。一般通过以上方法后 5～7 天水稻开始正常生长。

图 2-26　水稻缺肥现象

二、水稻虫害问题

由于稻田没有施用农药，发展稻鱼种养模式前两年会有一定的水稻虫害，主要以螟虫、稻苞虫、稻飞虱为主。一般虫害发生面积在 5％ 以内属可接受范围，不必使用农药，方法解决为：增加稻田蓄水量至溢过田面 20～40 厘米（图 2-27）；若田鱼在投喂饵料，可减少投喂量 50％，促使鱼类到田中觅食害虫；可使用粘虫板、性诱剂等（图 2-28，图 2-29）。

图 2-27　稻田蓄水深度

如果虫害面积较大，可使用生物农药防治。目前，通过试验确认比较安全的杀虫生物农药为氯虫苯甲酰胺，俗称"康宽"。值得注意的是，为了防治水稻虫害和其他病害，在育秧阶段应使用农药进行防治。

图 2-28　稻鱼模式使用诱虫器防治水稻害虫

图 2-29　稻鱼模式使用性诱盒防治水稻害虫

三、田鱼品质问题

由于田鱼前期投喂配合饲料，有人对稻田鱼作为生态绿色产品提出质疑。前期试验研究表明，不投喂配合饲料的稻田鱼虽然口感好，但是由于天然饵料营养水平不能满足田鱼生长需求，长时间不投喂人工饵料会导致稻田鱼头大、体型瘦小（图2-30），肌肉营养成分远低于池塘养殖鱼类，尤其是不饱和脂肪酸类。重庆稻鱼生态种养模式前期通过强化饵料投喂，后期采食天然饵料，既保证体型肥满、口感鲜嫩，又能保证稻田鱼肌肉营养成分与池塘养殖相当（图2-31）。

图 2-30   未投喂饲料的稻田养殖鲫

图 2-31   投喂饲料的稻田养殖鲫

四、田鱼防病问题

由于稻田养殖密度低，田鱼饵料丰富，包括配合饲料和天然饵料，田鱼体质好。通过近 5 年的监测，稻鱼生态种养模式还未出现田鱼发病现象。日常预防主要是 6—8 月定期每亩施用 2～3 千克生石灰调节水质，防治鱼病。

五、田鱼暂养问题

排水清田后的田鱼和中转配送的田鱼需要暂养。由于田鱼生活在稻田中，研究表明，稻田中水和田鱼肠道的微生物多样性均显著高于池塘养殖水和鱼类。因此，田鱼暂养应该在暂养稻田中或过滤清水池中进行。同时，田鱼暂养试验表明，田鱼在池塘中暂养 10 天左右，口感和品相均与稻田养殖鱼类相差较大，失去了田鱼的商品价值。

六、防洪抗涝问题

重庆由于夏季降雨集中，极易引起洪水造成溢水泛田、田鱼逃跑，这也是重庆稻鱼生态种养模式日常管理最重要的问题之一。由于稻田开挖有鱼沟、鱼凼可以蓄水，遇到干旱可降低稻田养殖密度，试验鱼沟、鱼凼的蓄水保证水稻收获；遇到暴雨，根据实时天气预报及时排放稻田水至 0.5 米（由于排水管孔径设置较大，一般排放时间只需要 1 小时左右），增加稻田对洪水的缓冲力，同时还需要检查溢水口拦鱼网是否通畅，及时清除树叶、树枝、杂草、塑料薄膜等垃圾，保证溢水通畅。

七、防偷鱼、毒鱼问题

稻鱼种养生产期需要防人为偷鱼和毒鱼现象，应该在养殖区周围设置警示牌，做好群众宣传工作，同时设置红外实时监控系统。

第三章

稻鱼生态种养模式实例

本章以团队多年的稻鱼示范与推广的实践记录为基础，分别梳理形成了重庆地区经常开展的稻鱼免耕直播模式、稻田养殖罗非鱼模式、稻田养殖黄颡鱼模式、冬闲田养鱼模式、稻鱼净化模式、"稻＋鱼＋果蔬"一田三用模式和重庆稻鱼秋季管理技术要点，为重庆地区稻鱼模式的从业者提供实践参考。

第一节　稻鱼免耕直播模式实践

稻鱼免耕直播技术是在稻鱼种养模式中，水稻种植过程中不需要育苗移栽，直接将种子播种到大田的种植方式。直播水稻在我国具有悠久的历史，早在北魏时期就是当时水稻的主要种植方式，但由于生产经验的积累和精耕细作需求，到唐、宋以后逐渐被移栽方式所取代；20 世纪 80 年代中期随着栽培技术和水稻品种的改良以及机械化的发展，直播技术又被人们重视起来；90 年代由于劳动力和水资源紧缺问题的不断出现，直播技术进一步推广。与我国水稻直播历史相比，国外的水稻直播技术发展较晚，但其种植面积远超我国，美国和澳大利亚已实现水稻机械化直播；俄罗斯水稻种植全部采用旱直播方式；意大利大部分的水稻种植采用直播技术；韩国水稻直播面积占水稻总种植面积的一半。

免耕直播稻与移栽稻相比更具优势：一是省工省力、节本增效。直播减少了育秧、移栽的环节，还节省了秧田，采用机械作业使水稻种植变得简易轻松，可起到节本增效的作用。二是生育期缩短。直播水稻没有拔秧植伤，也减短了栽后返青的过程，大大加快了水稻的生长进程，可使水稻生育期缩短 5～7 天，达到省工、省时、省力的效果。三是水稻播种过程简单化，便于机械化，提高了作业效率和水分利用率。

一、水稻种植管理

（一）稻田准备

1. 水田直播

第一年水稻收割后，整理田面后及时蓄水进行冬闲田养鱼，既可以有效控制稻田杂草生长，又可以为免耕直播提供有机肥源，还可以利用资源增加一季渔获。直播当天排水露出田面，有坑洼积水的用铁耙（或者灌满水的塑料油桶）朝鱼沟方向梳理形成排水沟，保证田面没有较深积水洼后即可播种。

2. 淹水直播

采用淹水直播的稻鱼田，需要先加固鱼沟与田面间的土垄，土垄高 15～20 厘米。田面蓄水 5～10 厘米后用旋耕机整田，整田后及时播种。

（二）稻种准备

1. 品种选择

直播稻扎根浅，后期遭遇风雨容易倒伏，受前茬作物成熟期影响，种植季节性强。应选择发芽率高、根系发达、植株较矮、抗倒性好、分蘖力适中、抗病性好的优质高产早中熟品种，如"万优 66""神 9 优 28""旱优 796""野香优油丝"等。

2. 种子处理

播芽谷：浸种前先晒种 1～2 天。浸种时先用清水漂洗几次，去掉草籽、秕谷和杂质，再用 40% 的强氯精 200 倍液消毒浸种 12～24 小时后捞出，用清水洗干净后进行催芽。催芽时间不能过长，以种子破胸露白为宜，一般不超过 2 毫米，避免拌种、播种作业时伤芽。晾干至"手抓不粘手、易撒落"状态即可播种。

播干谷：播种前先晒种 1～2 天，采用风选法去除草籽、秕谷和杂质。

（三）实时播种

应当根据作业环境条件选择合适播种方式。标准农田直播机最好搭配动力大（柴油版）水稻高速直播机作业，飞播可选用大疆 T10、T30 农业无人机（图 3-1），也可选用喷雾器进行喷播（图 3-2）。播种前要对机具进行安装与调试，保证机具运行正常、排种顺畅，各项指标达到直播技术要求。田块较小的稻鱼田也可采用人工撒种直播（图 3-3）。选好播种期，确保出苗，4 月底至 5 月初，选择气温稳定在 15℃ 以上的晴好天气播种，根据种子千粒重来选择播种量，杂交稻每亩用种量一般为 0.8～1.0 千克。

图 3-1　水稻无人机撒种直播

图 3-2　水稻喷雾器撒种直播

图 3-3　水稻人工撒种直播

1. 水田直播

整好田块后及时播种，播种后可用塑料薄膜拖谷入泥（图 3-4）。

图 3-4　人工塑料薄膜拖谷入泥

2. 淹水直播

播芽谷：翻耕后趁泥浆水及时播种，播种后待田面水澄清后打开土垄缓慢将田面水排干，有积水洼的用铁耙疏通排水沟，保证田面不积水。

播干谷：翻耕后趁泥浆水及时播种，播种后保持5厘米水深浸泡3天后打开土垄缓慢将田面水排干，有积水洼的用铁耙疏通排水沟，保证田面不积水。

(四) 水浆管理

直播稻播种后的水层管理是保证全苗的关键。播后应保持田面湿润，使根、芽生长协调，幼芽粗壮，根系下扎防倒伏。早稻播种后，如遇寒潮，宜灌水保温护苗；但晚稻播种见芽后高温天气不能有水层，以防烫死幼芽。苗至1叶1心后可灌薄水层1～2厘米促苗生长，3叶期后保持3～5厘米水层，促进分蘖。到分蘖末期至幼穗分化要先轻后重分次进行排水烤田，控制无效分蘖，烤田达到脚踩不粘泥、田裂露白根，叶色落黄后复水。孕穗后以湿润浅水为主，应间歇灌水，干湿交替，常灌"跑马水"，让根系保持活力，增强抗倒能力。灌浆期保持3～5厘米水层，收割前7天左右断水烤田，九成熟时收割（图3-5至图3-8）。

图 3-5　免耕直播水稻出苗效果

图 3-6　直播水稻出苗效果

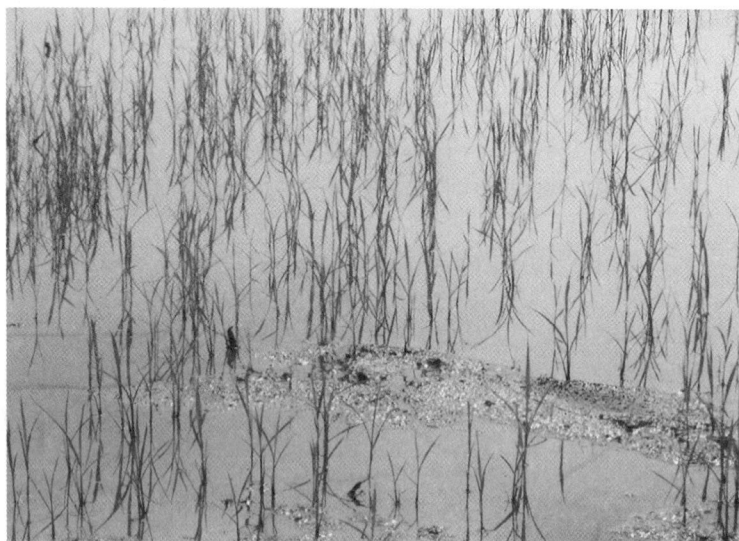

图 3-7　直播水稻复水效果

图 3-8　免耕直播水稻生长效果

二、鱼类养殖管理

(一) 田鱼投放

养殖鱼类可选择鲤、鲫、罗非鱼、黄颡鱼等品种，一般不建议选择草鱼。选用大规格苗种：鲤 0.3～0.5 千克/尾，鲫 0.1～0.2 千克/尾，罗非鱼 5～8 克/尾，黄颡鱼 15～20 克/尾。每亩建议投放鱼种数量：鲤 60～80 尾，鲫 250～300 尾，罗非鱼 280～320 尾，黄颡鱼 2 000～3 000尾。

（二）饲养管理

鱼种投放后及时投喂配合饲料，按照"定时、定点、定量、定质"的原则，水稻开花以前日投饵量为 $5\% \sim 8\%$，水稻开花时为 $3\% \sim 5\%$，以足量的饲料保证田鱼能及时达到上市规格。水稻分蘖完成后打开土垄，蓄水放鱼进田，以增加田鱼饵料，同时预防水稻虫害。

（三）捕捞收获

待田鱼达到上市规格后，排干田面水，引鱼进入鱼沟，整个排水期维持在 $3 \sim 5$ 天，水源充足的田块可边排水边注水以使鱼类全部顺利进入鱼沟。进入鱼沟后及时拉网捕捞田鱼上市销售。

三、稻鱼免耕直播的注意事项

（1）采用免耕直播的稻鱼田第一年最好蓄水作冬闲田养殖一茬鱼类，这样既可有效控制稻田中的杂草，又可松土、为水稻提供有机肥源。

（2）连续耕作 3 年后，稻鱼田冬季应晒田，或者轮种一季油菜、榨菜、萝卜等作物，以降低稻田土壤肥效。

（3）免耕直播每亩田稻种用量应控制在 1 千克以内，第二年开始需酌情减量，以适应稻田土壤肥效增加后导致的倒伏现象。同时，低密度播种也可节约稻种，增加水稻单株有效分蘖穗。

第二节 稻田养殖罗非鱼模式实践

重庆以丘陵山地为主，夏季高温湿度大，冬季低温干燥，倒春寒现象明显，旱涝灾害突出。据统计，重庆地区养殖鱼类适宜生长期为 4—10 月。团队在梁平区礼让稻鱼示范基地进行了稻田养殖罗非鱼示范，归纳总结实践操作，形成了稻田养殖罗非鱼模式。

一、稻田选择

试验稻田海拔 300 米，通过高标准农田整改后单块稻田 2 亩左右。

二、基础设施

稻田养殖罗非鱼基础设施整改需在每年 4 月以前完成，以便按时进行种养生产。

（一）进排水设施

1. 进水

进水口采用 $160 \sim 200$ 毫米规格 PVC 管引水，末端用 200 目纱绢过滤。

2. 排水

（1）底排水　采用200毫米规格PVC管，利用U形连通器原理在稻田外侧设置排水管齐稻田面高，内侧水管高出田底40厘米，防止淤泥堵塞。

（2）溢水口　溢水口宽60厘米，深50厘米，用1厘米孔径的304不锈钢穿孔板做防逃网，木板调节水位。

（二）鱼沟

沿田埂设置鱼沟。鱼沟切面呈梯形，底部宽2米，上端开口宽4米，坡度45°，深1.0～1.5米。鱼沟上端内侧设垄，高10厘米。整体面积不超过稻田面积10%。

（三）田埂

开挖稻田的土方用于田埂加固，田埂高50厘米、宽60厘米以上。砂土较重的稻田用防渗膜防漏。

三、苗种投放

4月初从海南购买1 200～1 300尾/千克罗非鱼苗，池塘集中培育25天左右标粗到规格7～9克/尾以上；5月下旬投放罗非鱼鱼种，投放密度200～220尾/亩。

四、水稻栽培

（一）水稻品种

以"丰优香占""野香优丽丝""野香优油丝"等优质水稻品种为主。

（二）种植密度

宽窄行种植模式，4株1行，株距18厘米，行距40厘米，两边距田埂28厘米，每亩植11 000～12 000株，每株植2苗。

（三）栽种时间

3月上旬开始水稻育苗，4月中旬完成插秧。

五、日常管理

（一）种植管理

5月上旬水稻返青后应加高蓄水至高过田面10厘米以上，便于罗非鱼到田中觅食昆虫和松土除草。随着水稻的生长逐步加高蓄水至高过田面20厘米以上。水稻返青后叶尖有发黄卷叶属正常现象，是由于新开田面氮磷营养元素不足造成，此时可及时增加蓄水量，加强饵料投喂量，增加鱼类排泄物为水稻生长提供有机肥源。零施用农药，可配套灭虫灯、粘虫板等物理灭虫工具。

（二）养殖管理

5月下旬投放罗非鱼种后即可投喂配合饲料（32%粗蛋白），5月下旬至6月中旬日投饵量按鱼体重4%～5%投喂，每天投喂3次。6月中旬至7月中旬水稻开花前，日投饵量按鱼体重 3%～4% 投喂，每天投喂 3 次。7 月中旬水稻开花后停止投喂配合饲料。

鱼种下田后 2～3 天吃食不佳属正常情况。此时因稻田中天然浮游生物丰富，罗非鱼摄食以天然饵料为主。2～3 天后待稻田水色变清，透明度增加后再增加日投饵量。

六、收获销售

8 月初开始排水，晾干田面，8 月中旬收割水稻。水稻收割后将稻草放到田埂上，利于田埂加固和防止杂草生长，同时，及时蓄水高过田面 30 厘米以上。水稻收割完 1 个月后，9 月上旬开始集中捕捞罗非鱼上市销售，规格 600～650 克/尾。罗非鱼属热带鱼类，一般水温低于 11℃ 开始出现死亡现象，该试验基地水温从 11 月中旬开始低于 11℃，养殖罗非鱼开始出现死亡。因此，重庆稻田养殖罗非鱼建议在 11 月以前销售完毕。

罗非鱼生长速度快，在重庆稻田养殖从苗种到成品上市仅 4 个月生长周期，生产周期短、市场风险小。同时，罗非鱼在重庆销售价格高于海南、广东等主产地 50% 以上，利润可观。罗非鱼肉质鲜美，没有肌间刺，非常适合作为烤鱼原料鱼，重庆烤鱼市场广阔，烤鱼原料鱼市场需求大，发展稻田养殖罗非鱼，可以补充本地烤鱼原料鱼。因此，在重庆发展稻田养殖罗非鱼前景广阔。

值得注意的是，罗非鱼养殖周期与水稻生育期相当，相对于稻田开花前，稻田开花后的罗非鱼肌肉氨基酸和脂肪酸含量更高，尤其是不饱和脂肪酸。同时，稻田养殖罗非鱼对水稻虫害和稻田杂草控制效果最佳，罗非鱼抗病能力强，未见发病现象。稻田开花后的罗非鱼抗病和抗应激更强，更耐运输，利于稻田养殖罗非鱼产业化发展。

为了提前罗非鱼上市时间，保证 8 月上旬市场价格好的时候即可上市销售，建议选择 0.5 亩左右的鱼种稻田加盖塑料保温棚，在 3 月中下旬即开始培水，从沿海苗种场购买寸片鱼种，经过 20～30 天培育后养成规格鱼种再投放到稻田中进行成鱼养殖，这样既可节约苗种成本，又可提前上市时间，并且能够在水稻收割前完成田鱼收获，为冬闲田养殖做好准备，综合提升稻田种养效益。

第三节 稻田养殖黄颡鱼模式实践

黄颡鱼体型较小，是长江土著特色鱼类。黄颡鱼肉质鲜美、肌间刺少、营养价值高，一直深受消费者的喜爱，其养殖规模也随之在不断扩大。黄颡鱼生长速度快，当年养殖可达 50 克左右，既可上市作为火锅涮煮食材，也可作为熬汤食材。重庆市养殖黄颡鱼全为池塘养殖模式，亩产黄颡鱼 1 000～2 000 千克，养殖品种有"黄优

1号"和全雄黄颡鱼等。长江禁渔后，特色土著鱼类种质资源利用程度降低，市场供应量下降。同时，人民对高品质生活的优质鱼类市场需求逐渐增加，高品质黄颡鱼的市场空间广阔。因此，探索高品质黄颡鱼绿色健康养殖模式对水产养殖业至关重要。

国内已有稻田养殖黄颡鱼的相关报道，主要在云南、江苏、河北等省，重庆还未见有稻田养殖黄颡鱼的相关报道。稻田养殖黄颡鱼可以提供优质水产品，填补长江十年禁渔重庆水产市场优质黄颡鱼紧缺的短板。

一、试验稻田基础改造

稻田养殖黄颡鱼示范稻田2块，每块田规格为40米×5米；以25米为田坎面开挖4米宽鱼沟，底部宽2米，深1米，45°坡度，鱼沟开挖比例刚好10%。稻田一端设置宽60厘米×深50厘米的溢水口，用0.5厘米孔径304不锈钢穿孔板作拦鱼网。底部设置排水口，内侧管口高于田面30～40厘米，外部与田面齐平，外加直接口，高于溢水口，通过溢水口控制水位，田面内侧设10厘米高土垄。

二、水稻栽培

5月1日栽秧，宽窄行种植模式，将四行插秧机调至最密，4株1行，株距20厘米，S形插秧路线，行距30～40厘米，每亩植11 000～12 000株，每株植2苗。

三、鱼种投放

5月27日投放规格为1 600尾/千克的瓦氏黄颡鱼，每亩投放1 500尾，每块示范田共计投放2 250尾。

四、日常管理

（一）种植管理

示范田为新开挖稻田，整田前每块试验田施用15千克生石灰和50千克有机肥做底肥，水稻返青后保持水位2～3厘米，直至分蘖。分蘖完成后逐步蓄水至15～20厘米水深。提前10～15天放水干田，8月下旬机器收割。

（二）养殖管理

瓦氏黄颡鱼苗种下田后即可开始投喂饲料，前一周投喂36%蛋白1毫米粒径浮料，一周后开始投喂33%蛋白2毫米粒径浮料。早晚各一次（6∶4比例分配），日投饵量6%～8%，水稻开花后日投饵量降至3%～4%，全程不使用黄颡鱼专用料。

五、黄颡鱼生长情况

分别在7月20日（水稻开花前）、8月20日（水稻开花后）、9月20日（水稻收割后）随机抽样称重，鱼平均体重分别为 8.92 克、11.42 克、34.35 克。鱼体色呈自然黄色。10 月 20 日抽样平均体重为 51.05 克。同时，养殖期间未出现黄颡鱼死亡，养殖成活率高。

六、注意事项

（1）黄颡鱼属小型养殖鱼类，稻田养殖前期由于规格小和稻田水浅，此时水稻未分蘖完全，需设置驱鸟、防鸟设施，防鸟害。

（2）黄颡鱼属底栖鱼类，不喜田间游动，养殖期间需要控制投食量，早晨投喂量占比可增加，保证稻田水位，促进黄颡鱼夜间进入稻田觅食。

（3）水稻收割前放水干田应缓慢降低水位，整个过程 5～7 天，亦可在水稻行间开挖浅沟，引导黄颡鱼顺着水位降低进入鱼沟。

七、小结

该示范田于 10 月 20 日完成抽样，黄颡鱼平均体重 51.05 克，可满足重庆市场销售规格，说明稻田养殖黄颡鱼可实现当年稻鱼双收。《2020 年重庆市实施水产绿色健康养殖"五大行动"方案》将"大力推广应用稻鱼生态种养技术模式"列为第一重点任务。实施长江十年禁渔后，作为长江土著特色鱼类之一，优质黄颡鱼市场需求增势强劲。稻田养殖水质良好，适合黄颡鱼等高蛋白鱼类养殖，黄颡鱼产值高于常规家鱼养殖，同时其养殖周期短、可操作性强、养殖风险低，利于在重庆推广稻田养殖黄颡鱼。下一步将从以下几点完善稻田养殖黄颡鱼技术要点，形成零施化肥农药、开挖宽沟深凼、投放大规格鱼种、加强饵料投喂、当年稻鱼双收的重庆市稻田养殖黄颡鱼模式：

（1）筛选抗肥和抗病的优质水稻品种，增加水稻种植密度，以增加稻田养殖水体氨氮消耗，提高黄颡鱼养殖密度，提高稻和鱼的产量。

（2）制订最适蛋白配合饲料及饵料管理方案，在保证黄颡鱼品质的前提下，以最低蛋白投入获得最佳黄颡鱼养殖产量。

（3）加大黄颡鱼种规格，提高成活率和避敌能力，尽可能在水稻收割后 9 月将达到 50 克以上规格的鱼收获上市，有效衔接第二茬稻鱼养殖。

第四节　冬闲田养鱼模式实践

冬闲田指未种植越冬作物的耕地。冬闲田养鱼即稻鱼轮作养鱼，利用稻田冬季休耕蓄水养殖鱼类，是稻田综合利用的一种模式。重庆由于冬季气温较低，部分高海拔地区还存在降雪和霜冻现象。因此，利用冬闲田养鱼需要考虑水温变化情况，合理地利用水稻收割后到鱼类临界生长水温这段时间来投喂饲料养殖鱼类，从而增加稻田产值，提高稻田效益。

一、冬闲田准备

（一）田块选择

选择水源充足、水质良好、交通方便的稻田。养殖鱼种稻田面积尽量控制在 $200\sim350$ 米^2，面积过大不利于后期捕捞。

（二）稻田工程

若为已开挖沟凼的稻田，需要在放鱼前对沟凼进行清淤。未开挖沟凼的稻田需要修补、加高和夯实田埂，保证田埂高 $30\sim50$ 厘米，田面能蓄水 30 厘米以上。养殖鱼种稻田可以视情况增加塑料棚保温，以增加适宜养殖时间。

二、冬闲田养殖成鱼

（一）养殖品种与投放密度

水稻收割后，及时清理稻草，蓄水 30 厘米以上，经过 $3\sim5$ 天，待稻田水质稳定后即可投放鱼种。冬闲田由于未种植水稻，所以可养殖草鱼，此时养殖成鱼主要面向春节前后市场销售。加上水温逐渐降低，适宜鱼类生长的时间仅有 $2\sim3$ 个月时间，因此养殖品种选择鲤、鲫、草鱼等适宜生长水温较低的鱼类，同时需要投放大规格的鱼种，各品种投放规格与密度见表 3-1。

表 3-1　冬闲田养殖成鱼品种与投放密度

品种	规格（克/尾）	数量（尾/亩）
鲤	$600\sim800$	$100\sim120$
鲫	$150\sim200$	$300\sim400$
草鱼	$800\sim1\,000$	$80\sim100$

（二）饲养管理

冬闲田养鱼饵料管理随着投放规格的减小和养殖数量的增加而增加投喂量，日投饵量为 $3\%\sim5\%$，每天投喂 3 次。同时，选择适宜蛋白含量的配合饲料，按照"定时、定点、定量、定质"原则进行投喂。10 月下旬后视天气情况适量减少日投饵量，如遇连续秋雨天气可停止投喂，待天气返晴后恢复投喂。水温低于 $10℃$ 时需要观察鱼类摄食情况，一般不再投喂饵料。

（三）捕捞

经过 $4\sim5$ 个月的养殖，鲤长至 $1\,300\sim1\,500$ 克/尾，鲫长至 $400\sim500$ 克/尾，草鱼长至 $1\,500\sim1\,800$ 克/尾，此时正值春节销售旺季，适时上市。

三、冬闲田养殖鱼种

（一）养殖品种与投放密度

冬闲田养殖鱼种，既可以作为稻鱼基地翌年成鱼养殖用，又可以对外销售增加收益。苗种培育由于生产周期短、生长速度快、饲料转化率高等特点，在做好饲养管理的前提下，整体养殖效益比较高。为了提高养殖效益，可以投放秋季水花鱼种进行苗种培育，长到翌年 3—4 月成为规格鱼种后再进行销售或分田养殖。各品种投放规格和密度见表 3-2。

表 3-2　冬闲田养殖成鱼种规格与投放密度

品种	规格	数量（万尾/亩）
鲤	水花鱼种	3～5
鲤	1～2 克/尾（寸片鱼种）	0.5～1
鲫	水花鱼种	3～5
鲫	1～2 克/尾（寸片鱼种）	0.5～1
草鱼	2～5 克/尾（寸片鱼种）	0.2～0.5

（二）饲养管理

冬闲田养殖鱼种需要在翌年 3—4 月长成规格鱼种，为了保证生长速度，需要加强饵料投喂。同时，为了延长越冬鱼种生长时间，增加规格，可以选择 300 米^2 左右的稻田加高田埂至 50 厘米以上，加盖塑料保温棚。

冬闲田养殖水花鱼种：水花下田前需要提前 5～7 天用生物肥肥水，稻田中浮游生物量培育好后再投放水花。

水花下塘后当天开始投喂豆浆，水温在 20～25℃，用水浸泡大豆 5～8 小时，按大豆与水量比 1：（15～20）用豆浆机磨成浆，然后人工用水瓢采用"三边两满塘"的方式均匀泼洒塘中，上下午各一次。做到"薄如雾、细如雨"，对豆浆少量多次投喂，阴天少喂或不喂。

一般情况下，水花养至 4～10 天后变成乌仔头，采用次粉兑水后用瓢同样"三边两满塘"投喂，上下午各一次，阴天少投或不投。草鱼、鲤、鲫可采用粉团 2～3 米放一团，一般用量 2～4 千克/亩。

冬闲田养殖寸片鱼种：一般 10 月中旬以前每日需要饵料量以鱼种体重而定，生产中一般投喂饵料量为该池鱼种总量的 11%～14%，而且上午 7～9 时、下午 3～4 时或中午增加一次，投饵时一定要注意天气变化，晴天正常投喂，阴天或雨天少投，同时做到"四定"原则。

（三）捕捞

养至翌年开春，待到气温开始上升后（倒春寒过后，一般建议低海拔地区在清明节后，高海拔地区在 5 月初），鱼种长成大规格，可对外销售一部分给周边养殖场，也可分田做稻田养殖成鱼用鱼种。

四、注意事项

(一) 成鱼养殖

由于水稻收割过程中会有部分稻谷掉落到田面，鲤、鲫和草鱼均会采食稻谷，因此刚投放鱼种前几天可能会出现田鱼不采食饲料的情况，属正常。一般尽量蓄水浸泡 3～5 天后再投放鱼种，掉落的稻谷和部分残留的稻草经过发酵，稻田水质变好，可预防水质恶化导致田鱼死亡现象；在水温降至最低采食温度（水温 10℃）以前，尽量加强饵料投喂，使鱼类快速生长，使出鱼时成鱼的规格较大，便于市场销售。

(二) 鱼种养殖

冬闲田养殖鱼种时由于水温低，若鱼苗前期采食不佳则会出现小瓜虫、车轮虫等常见寄生虫疾病影响成活率；需要在投饵点周围 10 米左右半径铺设防鸟网，预防敌害生物。同时，应加强拦渔网设置，预防鱼苗外逃。

第五节　稻鱼净化模式实践

一、稻鱼净化模式概念

稻鱼净化模式是将成品鱼投放到稻田中，不投喂饵料，鱼类在田中采食天然饵料，同时增加活动量以减少异味、降低肥满度，提高鱼类肌肉品质。净化模式包括稻鱼共生条件下的净化和稻鱼轮作（冬闲田）条件下的净化两种模式。

研究表明，稻鱼净化模式主要影响鱼类肌肉的脂肪代谢和嘌呤代谢，通过分解脂肪酸来提供能量支持新陈代谢，从而降低了鱼类的肥满度，一些品种鱼类还会促进饱和脂肪酸分解，既降低了肥满度，又增加了鱼肉的口感。同时，由于稻田水体中益生菌和益生藻类占比较高，水质优于池塘养殖水体，一定时间的净化后能降低鱼类肌肉的异味，如常见的泥腥味；饥饿状态下，鱼类肌肉嘌呤代谢会生成大量的呈鲜味的代谢物，可以提高肌肉的鲜味。综合起来，净化可以提高鱼类肌肉品质。

二、鱼类选择与投放密度

(一) 稻鱼共生净化

1. 投放时间

水稻插秧前：稻鱼共生净化鱼类投放可以在 4 月初进行，秧苗返青以前降低水位，将鱼集中在沟凼中，待水稻返青后再加高水位。

水稻插秧后：若投放时间在水稻已分蘖完成时，稻田水位可以不需刻意增减。

2. 投放品种与数量

稻鱼共生净化投放鱼类品种尽量选择杂食性鱼类，如鲫和鲤，第二年每亩稻田可搭配 3～5 尾鳜、加州鲈、翘嘴红鲌等肉食性鱼类以清除田内杂鱼和鲫鱼苗、鲤鱼苗。净化时由于稻田中饵料有限，适当的投放密度和净化时间是保证净化后鱼类品质的关键。田间试验表明，稻田净化过程中鱼类体重会降低 5%～20%，肥满度会降低 5%～15%，随着投放密度和净化时间的增加会加速体重和肥满度的降低。笔者将鱼类体重降低 10%、肥满度降低 10% 作为参考下限，同时结合肌肉营养成分和代谢组变化，确定了不同品种适宜的投放密度和净化时间，具体放养规格和数量见表 3-3。

表 3-3 稻鱼净化不同品种投放密度和净化时间

品种	规格（克/尾）	数量（尾/亩）	净化时间（天）
鲤	1 600～2 000	100～120	30～40
鲫鱼	500～700	300～350	25～40
黄颡鱼	180～250	700～800	20～30

（二）稻鱼轮作净化

1. 投放时间

水稻收割后，将稻草尽可能移出稻田，蓄水溢过田面 20～30 厘米后即可及时投放鱼类。

2. 投放品种与数量

稻鱼轮作净化即冬闲田净化鱼类模式的饵料量相对稻鱼共生净化鱼类模式要丰富许多。实践表明，水稻收割过程中会有 5% 左右的稻谷掉落到稻田中，人工收割水稻掉落稻谷的量比机械收割高，在收割后及时蓄水养鱼，掉落的稻谷能够为鲤、鲫、草鱼等品种提供饵料，在笔者的研究中也偶见黄颡鱼肠道中有稻谷，说明冬闲田净化鱼类时稻谷是鱼类的主要饵料。同时，收割完成后稻桩中还有部分害虫的卵也可作为鱼类的饵料。但是，冬闲田的饵料量是相对固定的，因此针对不同鱼类需要适宜的投放密度和净化时间。通过田间试验后总结出不同鱼类冬闲田净化密度与时间见表 3-4。

表 3-4 不同鱼类冬闲田净化密度与时间

品种	规格（克/尾）	数量（尾/亩）	净化时间（天）
草鱼	1 800～2 000	60～80	60～90
鲤	1 600～2 000	80～100	60～80
鲫	500～700	280～300	50～60
黄颡鱼	180～250	700～800	40～60

三、技术要点

（一）鱼类投放准备

尽量选择运输时间 4 小时以内的渔场购买成品鱼类，运输前严格做好停食，减少运输中应激对鱼类的影响。投放前需严格进行消毒，5% 食盐水充分浸泡 8～10 分钟，勿投放运输过程中体表损伤较严重的鱼类。

（二）稻鱼共生净化

6—7 月是水稻虫害高发期，同时气温升高后鱼类对溶氧量需求增加。因此，需要增加水位溢过田面 20～40 厘米，以便鱼类到田中活动控虫。水稻收割前需提前 15 天排水干田以便机械收割，此时田鱼集中在沟、凼中，需要观察鱼类活动情况，若遇高温伏旱天气需要注意补充水源或开设增氧机以防止鱼类缺氧。

（三）稻鱼轮作净化

水稻收割后应将稻草全部移出稻田再蓄水放鱼，稻草腐烂后会迅速恶化水质，致使田鱼死亡；水稻收割后，气温和水温逐渐下降，此时投放鱼类需要严格做好消毒工作，保证食盐水的浓度和浸泡消毒时间；鱼类下田后可以适当投喂 3～5 天的饲料，以提供充足的能量帮助鱼类恢复体质，抵抗应激；11 月以后若需要捕捞销售，建议拉网后的鱼类一次性销售完成，切勿返回稻田中，以免拉网损伤致鱼类继发水霉病影响成活率。

第六节　"稻＋鱼＋果蔬"一田三用模式实践

稻渔综合种养是农业农村部主推的水产养殖绿色生产技术之一。如何提升稻田综合利用率，提高种养的机械化水平，既可提高生产效益，又可推进农业现代化，将是新一轮稻田种养产业发展的重心。稻鱼生态种养"一田三用"模式即是在从事稻鱼生态种养模式的基础上，将闲置的田埂结合种养模式充分利用起来，同时按照宜机化的要求进行修建性设计，利用闲置的田埂种植果蔬，从而增加稻鱼种养的机械化水平和稻田的综合利用率，提高稻田生产效益。

一、稻田选择

实施稻鱼生态种养"一田三用"模式要求：水质好，碱度、硬度、pH 符合养鱼要求，同时铅、汞、镉等重金属含量符合《渔业用水质标准》；水量足，在满足单一种植水稻栽培的前提下，水稻收割前后 20 天，能够满足 3 天内蓄满稻田的流量；易排灌，依靠水渠或管道自然引水，排水口设置能够直接排干水。土壤质量好，土壤铅、汞、镉等重金属指标符合绿色农产品生产要求；土壤保水好，不用增设防渗膜即可蓄水。稻田单个田块面积应在 0.5 亩以上，海拔不超过 1 200 米，连片为宜，便于集中管理；作为积水区，若周围有其他农作物生产区应结合泄洪渠和排水渠，在植保作业期间避开来水，避免农药造成田鱼死亡；丘陵和平地应做好泄洪渠和排水渠修建，防止雨季溢田致鱼外逃；稻鱼模式稻田还需考虑人为盗鱼和交通便利。

二、稻田工程

（一）功能分布

宜机化"一田三用"稻鱼生态种养系统，包括稻田和田埂，其特征在于稻田内还设有鱼类养殖区，且鱼类养殖区紧贴田埂内侧；田埂上设有果蔬栽培区，且果蔬栽培区设置在田埂边缘（图 3-9 和图 3-10）。

（二）宜机化田埂设置

田埂宽度 2.5～3.0 米，中间留 2.0～2.5 米宽，便于农机设备通行，两边预留作为果蔬栽培区。沿两侧用挡水板筑垄，便于收集鱼类养殖区中的淤泥。垄按 4～6 米进行分段设置柱子，可用钢管或混凝土浇制。

三、生产操作

（一）水稻种植

稻田内种植水稻，可人工插秧、机械插秧，也可直播稻种。

（二）田鱼养殖

按照拟定生产模式投放适宜规格和密度的鱼类，投放鱼种后按照"定时、定点、定量、定质"原则及时投喂配合饲料。

（三）果蔬种植

田鱼收获后利用淤泥泵将鱼沟中的淤泥抽到土垄中沥干作为有机肥，不施用肥料和农药，可种植丝瓜、黄瓜、苦瓜、南瓜、柑橘、李子、桃子等品种。

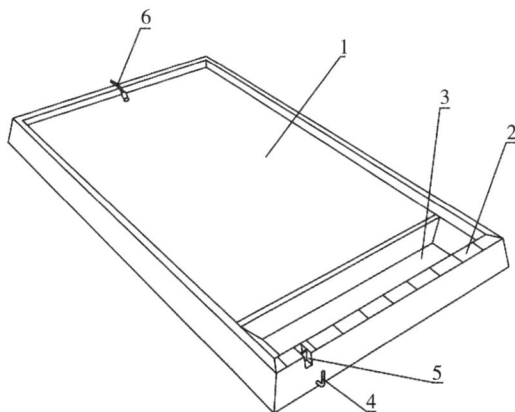

图 3-9　宜机化"一田三用"稻鱼生态种养系统稻田功能分布
1. 稻田　2. 田埂　3. 鱼沟　4. 底排水管　5. 溢水口　6. 进水口

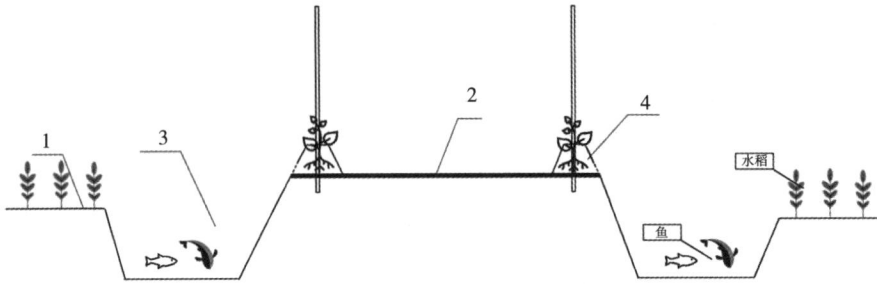

图 3-10　宜机化"一田三用"稻鱼生态种养系统田埂功能分布
1. 稻田　2. 田埂　3. 鱼沟　4. 果蔬栽培区

第七节　重庆稻鱼秋季管理技术要点

一、存在的问题

（一）水稻插秧

插秧机为 4 行或 6 行机，建议将株距调至最小，将每 4～6 株作为宽窄行插秧模式的一行，行距可以设置到 40～50 厘米，这样可以充分形成行边效应，不影响水稻产量，同时又为田鱼活动提供空间。由于田鱼的活动，即使行内水稻栽培密度较大，也不会造成大面积的水稻虫害；当水位加高至田面 20 厘米以上时，即使株距较小也不影响田鱼在水稻间活动控制虫害。

（二）养殖产量

由于重庆地区存在"伏旱"和"秋老虎"现象，渝西地区水稻收割较渝东地区早 10～15 天。收割前排水干田，此时养殖鱼类规格正接近成鱼，只有 10％的沟凼作为养殖水面，因此养殖产量一定要设置好。一般控制鲤、鲫产量为 120～150 千克/亩，泥鳅产量为 70～100 千克/亩，黄颡鱼产量为 70～100 千克/亩，罗非鱼产量为 200～250 千克/亩，大口鲇产量为 400～500 千克/亩，以上养殖产量情况下可以不使用增氧机也能保持养殖鱼类不缺氧。

（三）饲养管理

足量的饵料投喂是保证田鱼生长速度、提高养殖效益的关键，但是过量的饵料投喂会导致鱼类脂肪沉积、恶化水质，影响鱼类肌肉品质。团队通过研究表明，水稻开花能够显著提高鱼类肌肉营养水平，因此生产上一般在投放鱼种到水稻开花前这段时间加强投喂，让鱼类快速生长，日投饵量可以提高至 6％～8％。由于稻田生物多样性丰富，同时养殖相对密度较低（按每亩稻田产量 150 千克计算，当稻田加高水位溢过田面后，养殖密度仅相当于池塘养殖密度的 10％以内），养殖田鱼活动量大，增加投喂量也不会导致鱼类出现代谢障碍引起鱼类发病或死亡。水稻开花后逐步降低日投饵量，水稻花粉掉落到田面后既可以为鱼类直接提供饵料，又能够增加养殖水体浮游生物量。此时养殖田鱼基本达到成品鱼规格，饵料来源经过 1 周左右时间从人工配合饲料逐步转化为天然饵料，降低生长速率，改善肌肉品质，继续养殖 20～30 天后获得高品质的稻田鱼，从而提高养殖效益。总结起来就是"水稻开花前加强投喂，快速生长；水稻开花后控制投喂，慢速生长"。

（四）水稻分蘖后干田

单一种植水稻田在水稻分蘖期田面需要一定的水量来促进水稻分蘖，分蘖完成后需要降低水位干田以阻止无效分蘖。稻鱼共生的稻田，尤其是养殖鲤、鲫、罗非鱼的稻田水稻分蘖完成后可以不晒田，可以直接加高水位溢过田面 20 厘米以上，让鱼类到田面活动。鱼类的活动使田面水浑可抑制无效分蘖，同时养殖鱼类也会采食刚分蘖的新芽。值得注意的是，针对一些不抗倒伏的水稻品种，可以在分蘖完成后干田，让田面保持湿润即可，这样可以促进根系发育，降低倒伏的风险。

二、种养管理

（一）水稻收割前

1. 控制日投饵量

一般水稻收割前尽量将稻田中养殖成鱼逐步销售，以为冬闲田养殖预留空间。若在水稻开花前保证饵料量充足，开花后即可陆续降低日投饵量，到水稻收割前已停止投喂；若在水稻开花前未能生长至成品鱼规格，水稻收割前仍在继续投喂的，需要控制日投饵量在 3% 左右，捕捞前 1 天需要停食，以降低捕捞引起的应激。

2. 降低水位

水稻收割前需降低水位，将鱼引入鱼沟，晒田面便于后期机械化操作。降低水位过程应缓慢进行，将田面上的土垄逐步打开，同时降低溢水口拦水板排水，持续时间 10 天左右；面积较大的田块在水源条件允许的情况下，可以在降低水位过程中重复加注 1～2 次水源，促进田鱼进鱼沟、鱼凼。

3. 排水晒田

排水晒田主要是利于后期机械化收割水稻，为了保证干田充分，依据翻耕深度，一般需要晒田 15 天左右，眼观田面泥土变干至有轻微的干裂口为宜。此阶段需要保证鱼类溶解氧充足，防止极端天气导致缺氧浮头。

（二）水稻收割后

1. 处理稻草

不管采用人工收割还是机械化收割，水稻收割完成后需将稻草清理到田面以外，最好用来铺设田埂，这样可以减少田埂杂草生长，同时对田埂有一定的加固作用。也可以用打捆机将稻草打捆后集中销售用于食用菌种植或草食动物养殖，值得注意的是，由于稻鱼共生过程中全程不施用农药和化肥，稻秆用于食用菌种植生产的菌类品质较好。如果不清理稻草直接蓄水放鱼，此时正值秋天，白天气温较高，稻草快速无氧发酵释放出有毒有害物质，恶化水质，致使田鱼死亡，这一点需要引起足够重视。

2. 实时蓄水

稻草处理好后需要及时蓄水溢过田面 20～40 厘米，让鱼回田面清理掉落的稻谷。若是重新投放鱼种，可以蓄水后施用光合细菌调节水质，3～5 天后再投放鱼种，建议投放品种以鲤、鲫、草鱼为主。

3. 冬闲田管理

冬闲田建议尽量都蓄水养鱼，鱼种来源不便的地方可以养殖规格鱼种至翌年作养殖成鱼用鱼种，也可养殖成品鱼到春节期间市场价格较高的时候进行销售。冬闲田养鱼不仅可以将稻田中掉落的稻谷作为饵料转换成养殖鱼类产品，而且可以有效抑制稻田中的杂草生长，为翌年开展免耕直播打下基础，从而提高稻田综合效益。

4. 土壤肥力管理

连续开展 2 年以上稻田养鱼的稻田，建议第二年冬季种植一季小春作物如萝卜、榨菜、油菜等，吸收土壤的肥力，防止第三年水稻种植时出现过肥导致水稻倒伏以及影响水稻结实，降低稻谷产量。第二年开始水稻栽种密度应降低至 8 000～10 000 株/亩，一般直播水稻用种量为 0.7～1.0 千克/亩，同时需要结合分蘖后晒田防止水稻倒伏。

配套微课

一、概述

二、综合效益

三、稻鱼工程内容

四、稻鱼工程实施

五、水稻主要病害防控

六、水稻收割管理要点

七、稻田鱼养殖技术

八、稻田养殖罗非鱼实践

九、稻鱼免耕直播模式实践

十、稻鱼净化模式实践

十一、秋季管理技术要点

十二、田鱼捕捞、包装、运输工具

十三、稻鱼米包装工具

十四、其他

主要参考文献

李小坤，2016. 水稻营养特性及科学施肥［M］. 北京：中国农业出版社.

薛小腧，周亚，2022. 两种养殖模式下德国镜鲤生长和肌肉成分、氨基酸含量与抗氧化能力研究［J］. 当代水产，12：74-75.

薛洋，李虹，刘丹，等，2022. 重庆稻渔综合种养发展现状与对策［J］. 中国水产，6：66-68.

周亚，薛小腧，2020. 重庆市稻田养殖黄颡鱼初试［J］. 海洋与渔业 12：68-69.

周亚，薛小腧，黄礼岗，等，2022. 重庆市稻鱼工程设计与实施要点［J］. 海洋与渔业，10：102-105.

周亚，薛小腧，杨家贵，2020. 重庆三峡库区稻田罗非鱼养殖要点［J］. 海洋与渔业，10：72-73.

周亚，张崇英，薛小腧，等，2018. 三峡库区高山稻田养鱼技术要点［J］. 科学养鱼.3：23.

Wang E L，Zhou Y，Liang Y，et al，2022. Rice flowering improves the muscle nutrient, intestinal microbiota diversity, and liver metabolism profiles of tilapia（*Oreochromis niloticus*）in rice-fish symbiosis ［J］. Microbiome, 10（1）：231.

图书在版编目（CIP）数据

稻鱼生态种养关键技术与实例／周亚，翟旭亮主编.
北京：中国农业出版社，2024.11.--（乡村振兴实用
技术培训教材）. -- ISBN 978-7-109-32638-5

Ⅰ.S964.2

中国国家版本馆 CIP 数据核字第 2024MD7622 号

稻鱼生态种养关键技术与实例

DAOYU SHENGTAI ZHONGYANG GUANJIAN JISHU YU SHILI

中国农业出版社出版

地址：北京市朝阳区麦子店街 18 号楼

邮编：100125

责任编辑：肖　邦　王金环

版式设计：王　晨　责任校对：周丽芳

印刷：北京通州皇家印刷厂

版次：2024 年 11 月第 1 版

印次：2024 年 11 月北京第 1 次印刷

发行：新华书店北京发行所

开本：787mm×1092mm　1/16

印张：5.25　　插页：5

字数：105 千字

定价：40.00 元

稻田溢水口俯视

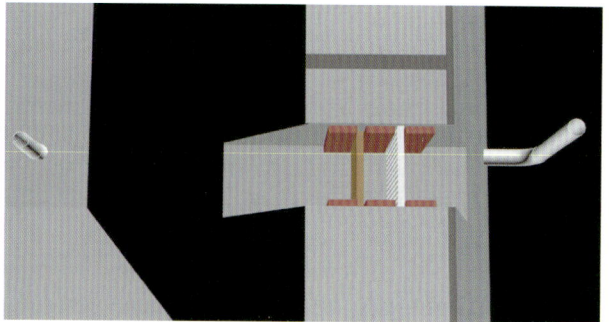

稻田溢水口透视

太阳能灭虫灯

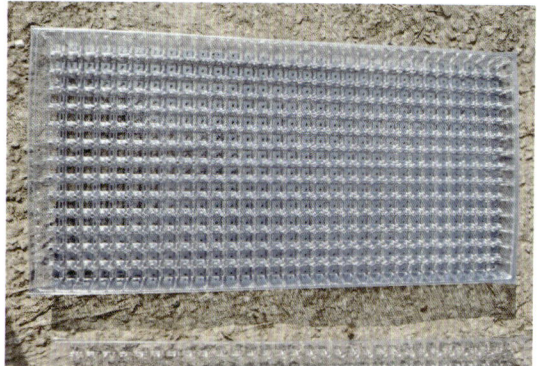

钵状软盘

稻飞虱

稻飞虱田间危害情况

水稻稻苞虫

水稻螟虫

津新鲤2号（引自天津市换新水产良种场）

乌克兰鳞鲤（引自天津市换新水产良种场）

黄金鲫

水稻缺肥现象

稻田蓄水深度

稻鱼模式使用诱虫器防治水稻害虫

稻鱼模式使用性诱盒防治水稻害虫

未投喂饲料的稻田养殖鲫

投喂饲料的稻田养殖鲫

水稻无人机撒种直播

水稻喷雾器撒种直播

水稻人工撒种直播

人工塑料薄膜拖谷入泥

免耕直播水稻出苗效果

直播水稻出苗效果

直播水稻复水效果

免耕直播水稻生长效果

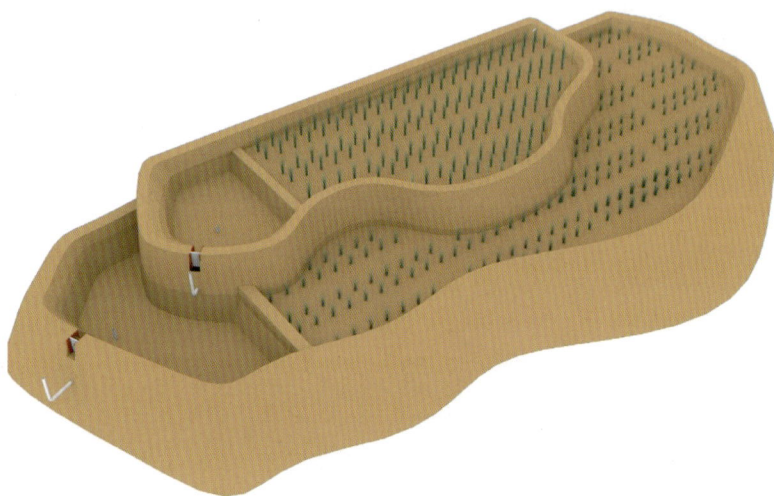
稻鱼工程建模透视图

宜机化"一田三用"稻鱼生态种养系统